阅读成就思想……

Read to Achieve

叛逆的我，
其实很脆弱

如何应对青春期叛逆行为

[美] 帕特·哈维（Pat Harvey）　　布里特·H. 拉思伯恩（Britt H.Rathbone）◎ 著

杨峥威 ◎ 译

Dialectical Behavior Therapy for
At-Risk Adolescents

A Practitioner's Guide to
Treating Challenging Behavior Problems

中国人民大学出版社

· 北京 ·

图书在版编目（CIP）数据

叛逆的我，其实很脆弱：如何应对青春期叛逆行为 /
（美）帕特·哈维（Pat Harvey），（美）布里特·H. 拉思
伯恩（Britt H. Rathbone）著；杨峥威译 . -- 北京：
中国人民大学出版社，2023.10
书名原文：Dialectical Behavior Therapy for At-
Risk Adolescents: A Practitioner's Guide to
Treating Challenging Behavior Problems
ISBN 978-7-300-32145-5

Ⅰ . ①叛… Ⅱ . ①帕… ②布… ③杨… Ⅲ . ①情绪—
自我控制—青少年读物 Ⅳ . ①B842.6-49

中国国家版本馆 CIP 数据核字（2023）第 171687 号

叛逆的我，其实很脆弱：如何应对青春期叛逆行为

［美］帕特·哈维（Pat Harvey）
　　布里特·H. 拉思伯恩（Britt H.Rathbone）　著
杨峥威　译
PANNI DE WO, QISHI HEN CUIRUO: RUHE YINGDUI QINGCHUNQI PANNI XINGWEI

出版发行	中国人民大学出版社	
社　址	北京中关村大街 31 号	**邮政编码**　100080
电　话	010-62511242（总编室）	010-62511770（质管部）
	010-82501766（邮购部）	010-62514148（门市部）
	010-62515195（发行公司）	010-62515275（盗版举报）
网　址	http:// www. crup. com. cn	
经　销	新华书店	
印　刷	天津中印联印务有限公司	
开　本	890 mm×1240 mm　1/32	**版　次**　2023 年 10 月第 1 版
印　张	10.625　插页 1	**印　次**　2023 年 10 月第 1 次印刷
字　数	175 000	**定　价**　75.00 元

■ 哈维和拉思伯恩创作了一本非常优秀的著作！无论如何，《叛逆的我，其实很脆弱：如何应对青春期叛逆行为》都应该列入所有治疗这一特殊群体的从业者的必读书目。特别是采用辩证行为疗法的从业者，不仅可以通过这本书更加深入地了解自己从事的工作，还可以从其他治疗方向的从业者那里学到不同的知识和技能，从而为辩证行为疗法锦上添花。显然，作者致力于为青少年及其家庭提供最有效的治疗。在这本书里，他们慷慨地与我们分享了研究成果。这本书对辩证行为疗法和所有涉及青少年的心理治疗做出了重大贡献。

朱迪·斯普雷（Judi Sprei）

哲学博士，心理学家和 www.DBTpsychologist.com 撰稿人，医学博士

■ 我强烈推荐《叛逆的我，其实很脆弱：如何应对青春期叛逆行为》这本书。哈维和拉思伯恩详细地论述了辩证行为疗法，并清晰地阐明了出现高度危险行为的青少年群体使用这种疗法的原因。读者将看到用于管理此类青少年的情绪和行为的技能工具和干预措施。专为青少年设计的范例对话、练习作业和讲义也为读者提供了易于融入实践的具体方法。哈维和拉思伯恩为治疗师提供了明晰的原则理念和全面的操

作指南，以帮助他们寻求直接有效的干预方法来对青少年进行辩证行为治疗。

克丽丝蒂·玛塔（Christy Matta）

文学硕士，《压力反应》的作者

■　这本书以同情关爱的视角看待处于危机中的青少年，并为治疗师和家长提供了智慧而简便的解决办法。

安妮·肯德尔（Anne Kendal）

哲学博士，DBT心理学家

■　针对出现情绪和行为困扰的青少年的辩证行为疗法是一个值得采纳的疗法，因为这一人群如此迫切地需要DBT，但以往的治疗资源和经验却很有限。这本书简单易懂，较少使用专业术语，能为既想要使用DBT疗法，但又担心难以入手的从业者提供帮助。对于那些用DBT治疗成年人有更多经验的从业者来说，这本书阐释了如何将治疗实践扩展到青少年的核心理论和相应变化。此外，作者使用简洁的语言、生动的图表和案例、要点总结、练习建议，为经验丰富的从业者提供了有效的参考，帮助他们不断取得进步。

艾比·赛睿特（Abby Sarrett）

文学硕士，执业心理咨询师

■　这本书介绍了丰富多样的样本实例和具体的操作方法，为帮助处在困境的青少年提供了宝贵的支持。不管你的DBT基础如何，这本书将被证明，它对任何想要帮助那些因强烈的情绪反应阻碍了实现美好生活愿景的青少年的从业者都是有用的。哈维和拉思伯恩利用他们多年的临床经验，提出了一种对青少年和家长都有同理心的循证治疗。

西蒙娜·杜米特雷斯库·穆尔尼克（Simona Dumitrescu Murnick）

医学博士，儿童和青少年精神病学家

■　哈维和拉思伯恩为使用 DBT 治疗青少年及其家人的从业者制定了一份清晰、全面和便于理解的指南。这本书提供了实用的操作步骤，包括案例示例和工作表，从业者可以反复拿来使用。对于任何想要对青少年及其家庭使用 DBT 的治疗师来说，这可能是无价的。

布莱恩·科拉多（Brian Corrado）

心理学博士，心理学家，医学博士

■　这本书让读者了解到什么是高危行为，向青少年及其家长表达了尊重和同情。贯穿全文的合作治疗策略为那些与自伤、药物滥用和攻击等行为伴随而来的无尽挑战做斗争的家庭提供了改变的希望。

伊丽莎白·费森登（Elizabeth Fessenden）

文学硕士，执业心理咨询师

■　阅读完帕特·哈维和布里特·H.拉思伯恩的这本书，我感觉就像是我在治疗一个充满危险甚至令人恐惧的孩子和家庭时，有两位非常温暖、专业的 DBT 同事坐在我身边。在传授与青少年和家长交谈的技巧和例子时，他们既老练又实际；他们巧妙地引出 DBT 的理念——正念、辩证法、行为链分析、日记卡 (明智地更名为每日日志)；还完成了许多其他典型而困难的任务。他们为 DBT 的五个模块提供了精彩的指导，还有例子、讲义和工作表。关于如何应用 DBT 来指导家长的部分，则是这种不断发展的疗法的真正进步。读过这本书后，我知道我将成为一名更全面、更有技巧、更能有效治疗青少年及其家庭的 DBT 从业者。

查尔斯·斯文森（Charles Swenson）

医学博士，马萨诸塞大学医学院精神病学临床副教授

■ DBT 不局限于诊断特定群体的目标症状。通过推广普及 DBT 技能，作者为处于困境中的青少年及其家长提供了强大的工具。这本书中展示的技能旨在预防青少年可能出现的情绪、行为问题，并将其作为打破危机、好好生活的基本指导方针。总的来说，这是一本必不可少的绝佳指南，适合所有青少年参考使用！

布莱斯·阿吉雷（Blaise Aguirre）

医学博士，哈佛大学麦克莱恩医院精神科医师

在这个充满挑战和快速变化的时代，青少年面临着越来越多的心理困扰和挑战。与此同时，作为助人者的心理咨询师、社会工作师、教师以及家长，我们也面临着独特的责任和使命，即帮助他们克服这些困难，发展健康、自信和积极的心态。

我很荣幸有机会翻译并向大家推荐这本《叛逆的我，其实很脆弱：如何应对青春期叛逆行为》。作为译者，由于我水平有限，翻译可能存在一些疏漏和错误之处，但是我相信，通过这本书，读者将能深入了解辩证行为疗法，并学习到一系列实用的工具和策略，以应对青少年面临的各种心理挑战，例如自杀、自伤、药物滥用、焦虑、抑郁、饮食失调，等等。这本书不仅是一本指南，更是一座桥梁，一座增进我们与青少年之间的相互交流和理解的桥梁。

多年来，我一直在讲授《个案工作实务》《儿童青少年社会工作》等相关课程，并持续参与和督导儿童、青少年个案服务，在教学、服务和督导中，对青少年焦虑、抑郁、自伤、自杀等问题有比较深入的了解，积累了一些服务经验，也有不少反思。对于青少年来说，心理问题不仅仅是单一的困扰，而是一个复杂的系统问题。青少年的心理健康，不仅需要社会工作师、心理咨询师和教师的努力，更需要家长和整个家庭的持续参与和支持。作为专业人士，我们需要综合运用心理学和辩证行为疗法的知识和技巧，帮助他们建立积极的思维方式和健康的行为模式。

辩证行为疗法是一种证据为本的、对有过自伤、自杀行为和其他心理困扰的青少年有较好效果的介入方法。辩证行为疗法注重对人的整体性理解，尊重每个个体的独特性和多样性。它强调人的思维、情感和行为之间的相互影响，并通过认知重建、情绪管理和行为调节等技术，帮助青少年建立积极的态度和健康的行为习惯。这种方法不仅关注问题的解决，更注重个体的成长和发展，帮助他们建立自我意识、自尊和自主性。

本书的两位作者拥有丰富的实践经验和专业知识，他们以生动的案例和深入浅出的语言，向读者介绍了辩证行为疗法的核心理念和技术，并结合具体的青少年服务案例，阐释了如何应用这些技术来帮助青少年应对各种心理挑战。无论你是心理咨询师、社会工作师、家长还是教师，相信都能从这本书中获得有益的启示。

与此同时，本书也提出并回答了一些值得家长和教师注意的关键问题，例如，如何建立有效的沟通渠道，如何培养青少年的积极情感和应对能力，以及如何创造支持性的教育环境，这些问题都是我们在日常生活和工作中经常遇到的。通过本书的指导，我们能够更加理解和关心青少年的内心世界，与他们建立起更牢固的信任和合作的关系。

我由衷地希望这本书能够成为一本被广泛阅读和参考的工具书，帮助更多的心理咨询师、社会工作师、家长和教师更好地理解和支持青少年，共同促进青少年心理健康成长。让我们共同努力，为青少年创造一个温暖、安全、包容的成长环境，让每一个孩子都能够展现出自己的光芒。

此外，我还想强调的一点是，一项专业助人技术的引入和应用，要充分考虑到文化适应性问题，书中介绍的方法、技术、工具虽然已经在诸多服务中被证明有效，但我们在使用中也要注意文化适应性问题，增强文化敏感度，与社会文化环境、服务对象文化背景等要素有效融合，避免生搬硬套。

最后，译者能力有限，本书在翻译过程中肯定还有不少瑕疵和不足，恳请读者和学界方家多加批评指正，以期将来有机会弥补和完善。

杨峥威

2023 年 7 月于北京

放眼当下，世界更加复杂多变，青少年的成长道路荆棘密布。按照正常的生长发育速度，青少年的大脑发展明显落后于当今社会对其判断力、情感成熟度和自我成就的要求，裹挟在这样的矛盾中，孩子们苦不堪言。布里特几乎每天都能在他的办公室里遇到青少年，而帕特则经常听到家长们讲述家中青少年的痛苦经历。据统计，"在美国，大约有四分之一的青少年在成长过程中达到了患有严重损伤的精神障碍的标准"（Merikangas et al., 2010, P.980）。但是，很多青少年要么接受的治疗是无效的，要么根本不接受治疗，因此对青少年的有效治疗迫在眉睫。

在过去的 25 年里，我们（布里特和帕特）以青少年为主要研究对象，发现以下几点对治疗最有帮助：

- 客观公正地表达对青少年的尊重；
- 尽可能地避免权力斗争；
- 采用开诚布公的沟通方式；
- 不做任何假设，与青少年一起查找问题根源；
- 在治疗过程中提供合适的治疗模式；

- 教授能使青少年过上健康美好的生活所需的技能。

当布里特为青少年寻求最有效的治疗方法时，他发现辩证行为疗法（dialectical behavior therapy，DBT）中包含以上要素，为此他兴奋不已。早年的 DBT 学习经历，使他有能力组建和管理技能培训小组。这些对青少年的心理健康至关重要，但之前极少有人对 DBT 技能进行系统的归纳总结，这立即引起了布里特的注意。起初，他组建了一个技能小组作为日常治疗的辅助手段，只有真正了解掌握了这些技能，才能对青少年进行教授。布里特发现，他自己学习技能的过程有利于对青少年的研究工作。令人不可思议的是，在布里特的实践经验中，有些存在严重问题行为的青少年确实有了极大的转变，随着对 DBT 认识的不断深入，他发展成立了 DBT 治疗和咨询团队。

随着人们持续不断对 DBT 的需求增加，DBT 治疗师和技能小组的数量也随之增加。培训治疗师、学习技能、使青少年适应一种新的治疗方式，这些都是我们要解决的问题。所有人都会面临创新的困境，学习 DBT 能激发出我们的创造力。

为什么要进行如此密集高频次的治疗，学习这么多的技能模式，还要应对风险最高、最难对付的青少年？从 DBT 的原理中可知一二。它可以让你为青少年提供最先进的治疗方法，可以让你见证喷薄而出的愤怒和痛苦，甚至可以挽回一条条鲜活的生命。经过你的帮助，青少年拥有了解决问题的能力，最终得以迈向成功之路。DBT 的精妙之处在于，它需要将实践过的、真正有效的心理机能打包成一种"格式化"的程序，让青少年能够学习、应用它们，并以结构化的方式融入自己的生活。

DBT 是一种被证实过的、对有过自伤和自杀行为的青少年有效的治疗方法，现已广泛应用于青少年这一群体。对于治疗师来说，面对青少年工作时极具挑战，因为他们总是公然质疑权威，不积极参与治疗。因此，一些治疗师不愿与青少年一起工作。但是，DBT 的"格式化"治疗方法，使治疗师对治疗的有效性产生了信心。DBT 让青少年主动参与治疗，培训他们在其他地方学不到的关键技能，还帮助他们改变自己的行为。简而言之，DBT 改变了这些青少年的生活。DBT 为治疗师提供了一个清晰具体的治疗方案，指引他们帮助青少年；DBT 还允许治疗师利用治疗关系，及时应对治疗过程中的一些变化。随着治疗对象越来越趋于低龄化，这种治疗方法将帮助治疗师不断进步，使治疗效果越来越显著。

DBT 能够为人们提供专业帮助，给予青少年、家长和治疗师希望。一名 DBT 专业的毕业生询问我们，他是否可以在他的特殊教育项目中教授 DBT 技能；另一位在校大学生给我们写信说，面对生活中即将遇到的困难，她觉得自己已经做好了准备；还有一位从技能培训小组毕业的女孩，给未来的

DBT 参与者写了一封信，内容如下：

> 起初，我认为我没有来的必要。现在我觉得每个人，甚至是世界上最幸福的人，都应该学习 DBT。我学到了很多，我发现其中一两项技能真的能够帮助我摆脱抑郁。即使你只喜欢其中的一项技能，我也建议你尽可能多地使用它。我甚至还教会了我的朋友们一些技能，那些从未伤害过自己的朋友们也像我一样经常使用这些技能。DBT 拯救了我。当我感到沮丧或无聊的时候，我不再觉得被人忽视冷落，我可以更容易地与人交流，这让我感觉不那么孤单。我很高兴能参加 DBT 技能培训小组。

参与过 DBT 的青少年能有这样的感慨并不少见，这也算是有效治疗的额外所得。

这本书用于帮助治疗那些出现情绪失调、高危行为，甚至有生命危险以及其他疗法对其无效的青少年。在这本书中，我们为那些希望在治疗中使用 DBT 方法、想要进行青少年 DBT 治疗实践，或者已经进行过 DBT 治疗实践、希望治疗更有效的从业者提供指导。当我们开始将 DBT 融入实践，帮助我们了解从哪里开始和如何开始时，才能得到问题的答案。DBT 的实践正在进行中，并且不断变化；我们持续对实践进行评估，学习更有效的新方法。我们希望这本书能帮助你开始实践 DBT，或者给你已经在从事的工作提供帮助。我们也希望它能鼓励学生继续思考和学习，这也是 DBT 的初衷之一。

关于这本书

这本书是两个独立的咨询团队联手合作的结果，这种独特性提高了 DBT 疗法的有效性。其中一个咨询小组由帕特发起，组员主要是临床治疗师，他们是 DBT 的新手，正在学习如何建立技能小组，以及如何为青少年提供个性化的服务。小组成员一起努力学习每一项技能及其对青少年的适用方式，开发与青少年相关的新用途，并在他们自己的生活中实践 DBT 技能。这本书中的一些工作表是这个小组的工作成果。当我们在生活和工作中实践 DBT 时，这个小组团队仍然在开会、讨论和学习，帕特则充当推动者和指导者的角色。

与此同时，我们（布里特和帕特）与另外两名已经将 DBT 应用到实际治疗工作中的经验丰富的治疗师合作，一起组成了一个会诊小组，以提升临床工作水平。就像我们刚开始做的那样，我们的咨询团队继续讨论如何为青少年及其家庭提供最全面和有效的 DBT 治疗。我们以热情的态度回应这些青少年和他们的家长，而在其他治疗方法中，他们的需求经常被忽视。这种"两情相悦"的热情持续推动着我们正在进行的讨论。下面的许多想法都是咨询小组讨论的结果。

我们选择写这本书，是因为"我们知道 DBT 已经被许多专业人士应用于多个场景。治疗师们，无论你所学的学科或工作环境如何，我们都希望随着时间的推移，DBT 的治疗实践道路能发展得越来越好"。如果你是一名专为解决青少年的问题而努力的治疗师，以求青少年有所改变，那么这本书为你而作。

如何使用这本书

这本书旨在通过关注青少年的情绪失调等因素引起的行为症状来帮助你的临床工作。这与辩证行为疗法的认知行为方法是一致的。显然，实施针对性的技能会减少那些影响青少年生活质量的行为，增加健康的行为。这本书帮助你对青少年的行为症状做出有效的反应，但不做具体的诊断。

本书分成四部分。第一部分概述了青少年的基本特点，以及 DBT 为什么可以帮助这些极具挑战性和出现高危行为的青少年。这部分还概述了 DBT 的治疗方法，它使你能够考虑如何实践 DBT，以及要实践的程度。如果你是 DBT 的新手，或刚开始与青少年一起使用 DBT 疗法，我们建议你先学习这一部分。

第二部分对 DBT 治疗的各种模式进行了概述，包括个体化治疗（包括在不同治疗阶段的指导）、技能培训、与青少年的家人一起工作以及组建咨询小组。为了提供综合性 DBT，你必须熟悉这些模式，并找到使用它们的方法。这部分内容包含了 DBT 的大部分具体课程。

第三部分提供了一些方法，可以帮助那些有特定情绪驱动行为的青少年。它对产生特定情绪和挑战性行为的青少年提供了非常具体的干预措施和谈话模板——主要针对自伤和自杀行为、药物滥用、焦虑驱动行为、饮食紊乱和破坏性行为。你可以找到与青少年正在经历的具体问题行为相对应的章节。

后记简单总结了如何开始或继续 DBT 实践的方法。

在这本书中，你能够找到一些新颖而独特的工作表和实践作业，这些专为青少年和他们的家长而设计，可以直接拿来使用。你还能够找到一些能让你更加深入了解 DBT 的练习，从而有助于你成为一名更有能力的治疗师。最后，你会看到一些青少年的实例，有男孩也有女孩——他们表现出了情绪失调的各种行为症状。除了这些，我们还提供了具体的干预措施和谈话模板，便于你深入了解青少年，帮助他们坚定治疗的信心，改变他们的行为，实现他们想要的生活。

这本书中提供的技能、实例、干预措施和家庭实践作业等都是基于莱恩汉（Linehan, 1993a, 1993b）和米勒、拉瑟斯、莱恩汉（Miller, Rathus, & Linehan, 2007）早年提出的原理和开发的材料，并被我们和同事以及那些接受过培训的人使用。这些原理和材料是经过考查的，真实可信，经受得起实践检验。我们的目的是将治疗的实践和经验提供给大家参考学习。唯物辩证法告诉我们，万事万物都在不断地发展变化，学无止境，唯有不断地学习，才能跟上世界的脚步。我们希望这本书将成为你探索知识和发展技能的一个新的起点。

目 录

第一部分
叛逆：从乖宝变成了叛逆不羁的"刺猬"

第 1 章
叛逆而又脆弱的青少年、小心翼翼的家长

一名青少年来寻求专业的帮助，他可能是由他的父母带来的，也可能是由家庭医生或精神科医生介绍来的，还可能是寄宿中心或医院送来的，甚至参加过青少年法律援助项目。咨询师不知道眼前的这名青少年到底想不想待在这里。他可能意识到了自己的某些问题，有交谈或合作的意愿；也可能在家庭或学校生活中与家人或同龄人相处时遇到了困难，但他认为自己过得很好。即使这名青少年最近有过自伤行为、离家出走过，甚至出现触及法律等其他高危行为，他也可能认为事情的起因并不在他，而在于他的父母、其他权威人士或者某些机构。囿于自我的偏见，他认为没有人能理解或帮助他。那些治疗过具有挑战性或高危行为的青少年的心理治疗从业者知道，在让这些青少年参与治疗过程、保持联系和理解问题等方面会困难重重。

把这名青少年带来的家长可能会有各种各样的困扰：

- 受到指责、被评判、不知所措、失望和沮丧；
- 担心孩子会继续出现危险行为，以及这些行为可能导致的危害性；
- 害怕，不知道如何保护孩子的安全；
- 将孩子的错归咎于自己；

- 对乱成一团的家庭氛围感到绝望；
- 因为不能和孩子正常沟通交流而懊恼；
- 由于之前多次无效的治疗经历而疲惫不堪；
- 绝望无助。

虽然你可能是这名青少年见过的第一位治疗师，但更有可能的是，你只是他的父母寻求过帮助的众多专业人士中的一员。之前的那些专业人士可能对这名青少年束手无策，因为如果他把自身的问题都怪到别人头上的话，肯定很难说服他主动接受治疗。治疗的风险等级、不满意治疗结果的可能性（症状恶化、拒绝参与治疗、自杀，甚至违法犯罪），以及"治疗"青少年的压力，有时可能导致治疗师拒绝接收、转诊或推荐其他更高水平的治疗机构进行住院治疗。

我们可以理解这个家庭的绝望。但只要你愿意提供帮助，传达改变的可能性，这个家庭就还有希望。在大多数治疗框架中，你要采取的第一步也是最重要的一步是与青少年建立关系。虽然 DBT 是一种认知行为治疗方法（关注行为改变），但它也非常关注治疗师和来访者之间关系的本质和重要性。只有通过治疗关系，学习和改变才得以发生。

悖论

矛盾的是，那些在青少年的生活中被认为有问题的行为，对青少年反而有用，因为它们能让他立刻感觉更好。因此，

青少年不是"抗拒改变"或"没有动力"，而是这些行为确实
能让他在当下觉得有所帮助，他认为没有改变的必要。只是
因为羞愧和内疚，他不愿意谈论这些行为（甚至不愿意去回
忆），因此，他很少有机会从经验中学习。了解这些问题行为
为什么对青少年有效，治疗师才能更好地让青少年参与到用
更健康、更具适应性的行为取代危险行为的艰难工作中来。

青春期的孩子普遍要面对的问题和挑战

即使对那些没有情绪问题的孩子来说，青春期也是要经
历身心剧变的特殊时期。很多青少年通过交友、参加活动、
构建信仰体系，以及挑战权威等方式，来实现其身份认同和
自我发展。抽象思维能力的发展，也会导致他们对以往的认
知产生怀疑。突然，青少年发现在父母的庇护之外，天地竟
然是如此广阔。为了找寻自我，他们需要离开父母的温暖怀
抱，慢慢独立起来，而有时这样的分离却充满了愤怒和焦虑。
当青少年在努力独立时，父母也尽力为他们提供指导和帮助，
逐渐放开手中扯着飞向高空的风筝的那根线。青少年与父母
之间发生摩擦和造成紧张的家庭氛围是青春期发展过程中的
一种常态。

尽管青少年现在能以抽象的方式思考，但由于大脑还没
有完全发育，他们往往看不到自己所做的选择和决定会导致
的长期后果。青少年本就喜欢冒险，他们看不到自己的决定

中暗含的危险，他们有一种寻求刺激体验的神经质倾向。他们经常情绪化和出现冲动行为，认为自己战无不胜。

　　青少年的情绪可能极其不稳定：他们时而忧郁，时而欢乐，时而沮丧，时而狂躁。当他们面对挑战、威胁或不确定的情况时，总是很直截了当地做出反应。即便是那些特立独行的青少年，也可能迫切需要"融入"同龄人，他们想要穿着相似的服装，获得同等的自由和权利，"另类"会让他们感觉非常不舒服。青少年很容易生气，尤其是当他们在家庭内部感到失望或无法获得想要的特权时。家长和老师可能会感到困惑，为什么青少年的情绪和行为如此多变，一名优秀的学生回到家里可能会变成一个沉闷而抑郁的孩子；一名对朋友忠诚、总是陪伴在其左右的青少年，在家里可能不愿意做家务或帮父母一点忙；一名充满爱心和敏感的青少年，在青春期时可能会变得苛刻、易怒和自私。青少年的问题有时也是父母和家庭问题的镜像反映。

　　同伴群体直接或间接地影响青少年的行为，使青少年的情绪更加难以预测和复杂化。到了青春期，青少年开始更多地依赖朋友的情感支持，对父母疏离、"失去联系"，甚至拒绝。有情绪问题或行为问题的青少年经常寻找有类似问题的同龄人，而治疗人员也很清楚药物滥用、自伤、冒险和自杀行为的传播效应。

　　当家长带一名青少年去见治疗师时，他们通常会寻求指导，以了解青少年的行为是发育"正常"的表现，还是反映出了更深层次的问题。为了给出合理的解释，治疗师会观察这些行为，评估风险水平，了解发生了多长时间，以及判断它们对青少年生活的影响。治疗师将明确相关行为的功能：它们是否表明一名青少年正在用自己进行试验？这些行为是否被用来调节强烈的、非正常的反应和"失控"的情绪？这些问题的答案将帮助治疗师决定青少年需要什么帮助。我们可以通过玛丽亚的情况来了解怎样看待这些问题：

> 玛丽亚17岁了，她的父母很担心她。三个月前，他们无意中在玛丽亚的手机上发现了露骨的色情短信，当进一步调查时，他们还发现了玛丽亚给男孩们发过带有性暗示的照片。后来，在全家度假时他们又发现了玛丽亚大腿上的伤疤，于是打电话请治疗师进行评估。玛丽亚向父母承认，她一直有自伤行为，虽然她声称那些短信和照片只是偶然发生的情况，但她的父母对此持怀疑态度。直到今年，他们对玛丽亚都挺放心的，因为她在学校的成绩一直很优秀，老师们对她的评价都很高。但是，她回到家里则是另一副面孔，她一直在挑起战争——有时会打破规则，变得愤怒，对着父母大喊大叫，拒绝做家务，父母想让她做什么，她偏不做什么，经常关上房门独处。她的父母想知道是否还有更好的办

法，可以帮助她控制总是喜怒无常的情绪。他们总是认为，如果玛丽亚在学校表现良好，那么总的来说，她一定还不错。

在与玛丽亚的第一次会面中，治疗师了解到她因为受到了一个朋友的影响才开始在七年级时自伤，当时她的这个朋友已经割伤自己的手臂好几个月了；在八年级快结束时，玛丽亚与这个朋友的相处出现了问题，于是她开始更频繁地自伤。

玛丽亚为自己的好成绩和运动能力感到自豪。她今年参加了田径队和篮球队，训练了一整年。治疗师对她的大运动量表示担忧，玛丽亚却说，锻炼让她感觉好多了，她不会遵循治疗师的指导。

治疗的困难和治疗师的解决办法

青少年面临的困难非同一般，同样给治疗师带来了特殊的挑战。我们可以看看都有哪些困难以及它们在玛丽亚的生活中是如何表现出来的，并探索它们给治疗师带来的挑战，以及治疗师的应对之法。

1. 青少年所认为的问题和父母所关心的问题往往存在差异。在上面的例子中，玛丽亚的父母担心潜在的危险行为（自伤、过度锻炼、发送色情内容）可能会导致青少年的健康问题；而玛丽亚将潜在的危险最小化，相信自己能做得很好。青少年希望治疗师能兼顾自己和父母的感受，找到解决问题之法。

治疗师的解决办法： 通过承认青少年和父母的关注和感受，从双方的角度验证真理（Burns, 1999）。治疗师致力于让青少年参与到改变的过程中来，尽管她认为自己的行为根本没有任何问题或危险，她的父母反应过度了。

2. **通常，青少年不会主动去找治疗师；相反，他们是被父母或其他权威人士"强制"这么做的。** 这样的想法通过延伸，治疗师在青少年的眼中就变成了一个想要改变他们、会让他们丧失自我的成年人的形象。青少年对家长的戒备心和信任缺乏转移到了治疗师身上，很大程度上影响了青少年参与治疗的意愿。还有一些青少年以前可能经历过无效治疗，这让他们更加犹豫，即使是最愿意与陌生人分享隐私的青少年也会感到不安。

治疗师的解决办法： 立即优先发展与青少年之间合作和信任的工作关系。随着时间的推移，使她理解并接受治疗师的真实用意，即想要创造对她有意义的机会，帮助她实现自己的目标。

3. **被带去看治疗师的青少年可能会感到尴尬或羞愧。** 对青少年来说，向成年人寻求帮助是很困难的。耻辱感会阻碍青少年接受帮助：他们担心别人对自己的看法，害怕自己会被视为不同的和"不正常的"。作为一名好学生和优秀运动员，玛丽亚可能在同龄人中很受欢迎。她不知道如何向别人解释自己为什么要接受治疗——她的父母也有类似的感觉，他们可能会觉得寻求心理治疗是人生失败的标志，他们对自己的养育方式感到羞愧和内疚。

治疗师的解决办法：提供一个舒适的环境（摆放好零食、饮料、适合的读物、舒适的家具等），并尽可能地使这个过程正常化。治疗师可以介绍接受过 DBT 治疗的知名人士，如一些音乐家、艺术家和体育明星。将心理治疗方案与其他治疗慢性或急性问题的治疗方案相结合也很有用，而找到准确的治疗方向是至关重要的。

4. 由于大脑发育还不完全，青少年很难看到自己行为的长期影响。所以，很难让他们主动参与到治疗过程中来，也很难让他们相信改变高危行为的必要性。因为不相信自己的行为会导致负面后果、伤害或死亡，所以他们不认为有必要避免这些风险。玛丽亚不承认她的过度锻炼可能有害，也不承认割伤会造成身体伤害。

治疗师的解决办法：帮助青少年理解触发因素、行为和后果之间的联系，并学习如何解决问题，选择更安全的方式管理自己的情绪。治疗师通过提供具体而明确的反馈来实现这一点。

表 1–1 概括了青少年通常会对治疗师提出的挑战，以及治疗师利用 DBT 疗法应对这些挑战的一些方式。

表 1–1　　青少年提出的挑战及 DBT 疗法的应对方式

挑战	利用 DBT 疗法的应对方式
青少年不相信自己有问题	帮助青少年检查和评估问题行为的积极和消极影响，并评估会产生的长期后果
青少年被迫参与治疗	承认治疗是由他人要求的，帮助其参与治疗，并提供一些选择，比如营造一个认可和客观的治疗环境
青少年在以前有不满意的治疗经历	对治疗效果负责，与青少年进行沟通，如果治疗无效，不要责怪青少年
青少年及其家庭对治疗经历有羞耻感	使青少年感到羞愧的过程正常化
青少年存在执行功能障碍	以青少年能理解的方式开展治疗，并做好解释
青少年的神经系统倾向于冒险	提供技能培训帮助青少年评估行为选择的影响

DBT 的哲学原理与知识结构

DBT 为青少年及其家庭提供了一个行动指南，特别是当其出现高风险和挑战性的问题行为时。DBT 的原理和技巧有助于减轻治疗师的焦虑，使治疗师能够以富有战略性和逻辑性的方式针对青少年的行为症状进行治疗。

DBT 的哲学原理

DBT 认为情绪失调是导致行为失调的根本原因，这有助于治疗师保持客观中立的态度。DBT 鼓励接受认可和透明公正，使得治疗师能够让青少年参与到改变的艰难工作中来。

管理痛苦的情绪和行为

解决青少年生活中出现的危险和有问题的行为，被看作青少年学会管理痛苦情绪的方式（Linehan,1993a）。这些行为不是为了"寻求关注"或"操纵他人"，青少年也不是"懒惰""不听话"或"叛逆"。无论是青少年还是家长都没有错，也没有人会受到责备。

使用 DBT 疗法的治疗师能够接受并认可青少年的痛苦，以及导致危险行为的强烈情绪，从而使青少年及其家人接受治疗。他们很快就会明白，如果这些行为是后天习得的，那就可以用新的行为取而代之，而 DBT 将提供改变的具体方法。改变将是显而易见的，希望终于有了变成现实的可能。在一个被认同和接纳的环境中，青少年不会感觉"不好"或被指责，他们能够更好地接受得到的反馈，对自己的言行所产生的结果也不那么有戒心。

公开透明和协同合作的治疗方式

治疗师煞费苦心地向青少年和他的家人解释治疗的过程、原理和结构，使其公开透明，共同协作开展治疗。青少年从 DBT 治疗师那里了解到，他们将一起帮他实现自己的人生目标；在实现目标的过程中使青少年产生对治疗师的信任，正如治疗师详细阐述每种技能（在第 4 章有更详细的解释）将如何对他有所帮助一样。治疗师甚至可能会自我暴露自己对技能的使用，不断解释使用技能的原因。这种疗法增加了青少年参与改变过程的意愿。

DBT 的治疗结构

DBT 要求从业者以一种有组织的、结构化的方式教授新的技能和行为，让青少年和家庭从痛苦走向幸福生活（Linehan, 1993a）。DBT 指导从业者以富于战略性和逻辑性的方式治疗行为症状。在接下来的章节中，我们将讨论 DBT 的这些重要组成部分：

- 承诺策略；
- 认可策略；
- 优先目标；
- 辩证的方法和策略；
- 行为分析；
- 改变策略。

你将学到实用的方法，将这些组成部分纳入治疗实践，这能够更有效地治疗青少年。然而，要做到这一点，你必须能够先确定哪些青少年将受益于 DBT。

是否该建议一名青少年使用 DBT

DBT 对那些因情绪失调而导致行为问题的青少年最为有效——也就是说，青少年的行为问题是因他试图调节痛苦和强烈的情绪造成的。由于 DBT 重点关注获得青少年对治疗的承诺，它通常是对那些主动放弃治疗或者被其他治疗者放弃的青少年最有效的治疗方法。

何时使用 DBT：青少年和情绪失调

在治疗实践中，你可能会看到青少年表现出下面一种或多种行为的持续模式：

- 生气；
- 暴躁暴怒；
- 威胁行为，尤其是在失望时；
- 虐待其他家庭成员；
- 亲密关系紧张；
- 决策是由别人对自己的感觉所驱动的。

如果这些行为被用于管理痛苦情绪，则可能表明情绪失调（Miller, Rathus, & Linehan, 2007），并表明 DBT 可能是一种有效的治疗选择。

治疗的承诺

一旦开始 DBT 治疗，青少年必须自愿承诺活下去并减少自伤行为。一些青少年可能还没有准备好改变不安全的行为，或者不愿意接受治疗。在治疗的早期阶段，青少年可能不得不与治疗师配合工作，以做出这些承诺。承诺策略将在第 3 章中进一步讨论。

有效性的限制

对某些青少年来说，DBT 不是最有效的治疗方法，例如：

- 那些有严重的精神病症状，可能会干扰 DBT 认知整合的青少年；
- 患有严重认知障碍或语言障碍的青少年（Miller, Rathus, & Linehan, 2007）；
- 患有饮食失调或物质使用障碍的青少年，除非其他循证治疗被发现无效（Koerner, Dimeff, & Swenson, 2007）；
- 患有强迫症或焦虑症的青少年，除非针对这些疾病的循证治疗被证明无效。

此外，看看我们开发的决策树（见图 1-1），以评估特定的青少年群体是否适合 DBT 疗法。

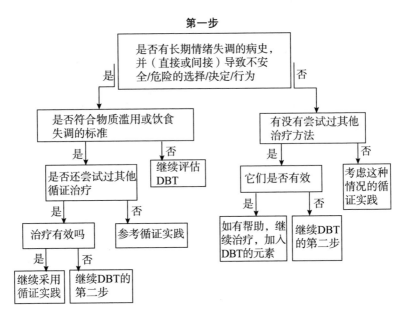

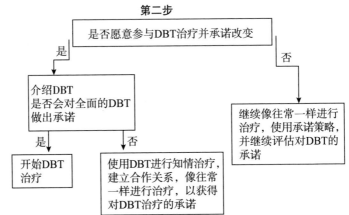

图1-1　决策树（用于评估特定的青少年群体是否适合DBT疗法）

总结

在本章中，我们阐述了治疗青少年需要面对的挑战，以及 DBT 的理念、治疗结构和解决办法，这些可以帮助从业者为青少年提供更有效的治疗方式。之后，我们还将讨论应用 DBT 治疗的具体问题行为，下一章将详细介绍 DBT 的结构和工具，以及如何将其应用于个体化治疗、技能培训小组和家庭工作。

第2章
既想远离父母，又对脱离父母感到恐慌

青春期孩子总是容易裹挟在矛盾而强烈的情绪反应，这也让他们的家人饱受痛苦困扰。通常情况下，DBT 治疗师最先接触到的是青少年的家人，他们可能对 DBT 的有效性有一定的了解，但他们也可能只是在盲目地寻找一种方法来结束孩子的痛苦及其问题行为。治疗师的首要任务是引导青少年和他的家人适应 DBT，而不管他们之前对 DBT 的了解如何。

DBT 释义

在接受和评估青少年的过程中，当治疗师全面深入地向青少年解释 DBT 疗法时，DBT 的公开透明和协同合作的特性便有所体现。

- DBT 是由玛莎·莱恩汉开发的，她采用了一种认知行为方法（一种专注于改变人们的思想、感觉和行为的方法），通过增加接受度（表达同情和接受人们在当下的行为方式），使它更有效地帮助人们减少自伤和自杀行为（Linehan, 1993a）。
- DBT 是一种循证疗法，其有效性已被研究证实，广泛应用于有各种情绪困难的个体。

- DBT 是一种结构化的治疗，包括结构化的个体治疗（专注于目标和"目标行为"）和技能训练小组（包括五个技能模块，适合青少年）。
- 当青少年遇到困难时，治疗师可以通过电话或短信提供非课程辅导。
- DBT 是一项艰苦的工作，需要青少年做出承诺，比如减少自伤行为等。

治疗师开始对治疗形成辩证的立场（接受事物具有矛盾对立的两面性），承认青少年通过吸毒、自伤、攻击性行为、饮食失调或其他高危行为可以调节情绪，但是如果青少年想要"拨云见日"，就必须替换为更安全的行为。

青少年、家庭和生物社会理论

生物社会理论（biosocial theory）是一种对青少年不加以主观评判和指责的研究理论（Linehan, 1993a），主要阐释了在生理因素（青少年先天容易受到情绪强度的影响）和环境因素（那些对青少年的经历做出反应的个体）的相互作用下，引起青少年严重的情绪反应，导致其情绪失调和行为失控。在治疗的最初阶段，青少年及其家人必须对这一理论有所了解。

情绪失调 / 情绪强度

DBT 的理论基础是，青少年的情绪系统对刺激的反应更迅速、更强烈，青少年在生理、情感和行为上经历的痛苦和情绪强度是由生物学的情绪失调易感性引起的（Linehan,1993a）。当痛苦的情绪被激发时，青少年的生理系统使情绪长时间保持紧张的状态，从而需要更长的时间才能恢复到基线水平。青少年的这种性格特点和易感性可能是本身气质类型的表现，也可能受到童年时期的经历或创伤性事件的影响，这些经历或创伤性事件使易感的情绪调节系统更加敏感脆弱。家长们反映，孩子们"总是"对情绪做出高度反应，"总是"对他们构成挑战。

具有这种特殊生物易感性的青少年更有可能表现出蓄意自伤、犯罪行为、药物滥用、行为障碍等行为问题（Crowell et al.，2011）。情绪失调的青少年只是利用他的行为，甚至是一些危险的行为来调节情绪，不能简单将他们定义为"控制欲强""恐怖"的群体。

这一理论引发了青少年的强烈共鸣，他们本来无法理解自己为什么会有这样的感觉，或者为什么自己对事件的反应与他人不同。青少年经常被告知，产生强烈的情绪是他们的错，是不可接受的，他们应该学会"克服"，他们努力克制才能打消人们异样的眼光，周围的声音加深了他们的困惑、内疚和羞愧感。现在，出现了这样能够解释青少年为什么会有这种感觉的理论，帮助青少年寻求到了一丝解脱。

治疗师指出，青少年的强烈情绪不只有负面影响，也不是一种错误。有时，这些情绪（和强烈情感）能给青少年带来极大的愉悦感，他们为了得到自己想要的东西，可能会高效地开展创造性的工作，还可能会被周围的同龄人强化。强烈的情绪可以同时引发有益的行为和有害的行为，在帮助青少年面对现实和改变现状的目标下，治疗师让他们看到行为的有效性和负面性的双重影响。

另一种看待情绪失调的方式，使得青少年认为这很有帮助，如图 2-1 所示。

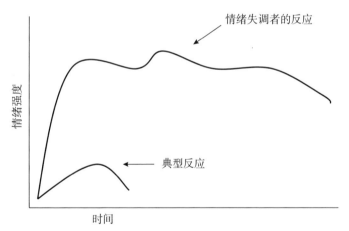

图 2-1　情绪失调者的反应强度变化曲线

情绪强度高的青少年处于一种情绪唤起更频繁、水平更高的状态。因此，青少年的情绪本有机会从最初的事件中平静下来，但是随后发生的事件再次"反弹"了他的痛苦。

环境的影响

之前提到过，生物社会理论表明青少年的情绪和行为受到生理因素和社会因素的双重影响，青少年具有先天的情绪失调易感性。与青少年同处一个环境中的其他个体反应也很重要，但是，他们通常不明白什么样的情绪和行为反应是有效的。为了帮助青少年，身边的家人可能会鼓励青少年"不要担心"或"克服它"，或者在不理解其情绪构成的情况下试图介入解决问题，这些反应反而直接或间接地导致忽视或轻视青少年的情绪，被视为无效反应，在孩子进入青春期和成年期时触发情绪失调。通常，老师、父母、亲人或其他照顾者不会认识到他们所说的话是无效的。这种理论并不是对他们进行评判；相反，它承认他们只是希望能够帮助缓解青少年的不适。

情绪失调的处理与无效的环境

生物社会理论是一种辩证阐述生物因素和环境因素交互作用于个体的理论：青少年可能会与那些否定他的经历的人互动，而青少年的行为方式也可能会导致其周围那些本来支持他的人对他的态度变得不屑一顾、沮丧和愤怒。我们经常向青少年的家人解释说，正如他们的行为是对孩子情绪的回应，在一定程度上，孩子在进入青春期后的行为可能也是对他们的养育方式的回应。

事实上，如果家长不能理解青少年正在受到强烈情绪的侵扰，他们可能会要求青少年克服困难，却意识不到青少年在生理上根本无法做到，甚至家长会认为青少年是故意的或对抗的。他们没有意识到，告诉青少年不要有强烈的情绪，就像让偏头痛青少年不要对光敏感和不要觉得恶心一样。青少年不可能不在意别人的感受，暗示他不应该有情绪，反而会将更多的注意力引向这种情绪，并增加他的挫败感和羞耻感，因为青少年做不到他人看上去很容易做到的事情。生物社会理论告诉家长，青少年的痛苦是无形的，但他们必须要承认痛苦的存在。

生物社会理论及其影响

出现情绪易感性和身处无效的环境，会使青少年无法正视自己的内心体验。他会指望别人告诉自己应该有什么情绪，而对自然表露出来的情绪感到愧疚。无效的环境还会导致青少年无法学习如何管理困难的情绪，他们被告诫应该学会遗忘，而不是学习如何管理它们。因此，需要让青少年认识到困难和痛苦的情绪是应该而且可以避免的。

青少年对无效环境的回应

青少年倾向于以两种方式来回应无效的环境：（1）升级行为，让别人认为他们真的感觉很糟糕，需要被认真对待；（2）逃避表达情绪，强迫情绪向内收缩，并发展出其他表达方式。

不管怎样，这些青少年会变得不安全（可能会出现导致自伤或自杀的行为方式）、危险和好斗，或者他们会以其他不健康的方式来管理自己的情绪。为了保证青少年的安全，他们的家人可能会对不断升级的行为做出反应。在这种恶性的动态发展中，青少年对不安全和危险行为的关注得到强化（或要求得到满足）。

应用于 DBT 治疗中的生物社会理论

青少年及其家人本以为"问题"现状无法改变，但当他们了解了生物社会理论之后，好似在黑暗中看到了曙光。生物社会理论和理解青少年的行为是个体学会管理情绪失调的一种方式，给青少年及其家人带来了希望，他们看到改变是可能的，青少年可以学习更有效的行为方式。生物社会理论还为治疗师提供了一个了解青少年的起点，搭建出可接受的、更有效的治疗环境，在这种环境中，青少年被认真地对待、倾听和理解。

接受改变的认知行为方式

辩证行为疗法的核心是关注接受和改变的治疗框架。DBT的指导原则是如果不能接受和认可青少年的话，任何治疗实践的目标都不会发生改变。希望在工作中应用 DBT 的治疗师们接纳这一核心辩证理念：青少年在当下已经尽了自己最大的努力，基于他们的生活背景，帮助他们积极主动地参与治疗，改变问题行为，让生活重新充满希望（Linehan, 1993a）。

正念

DBT 的重点是接受和认可青少年，实现路径是正念，即练习对正在发生的事情的注意意识（Linehan, 1993b）。正念有多种释义：关注当下，注意正在发生的事情，或者"关注当下，非主观的意识"（Barlow, Farchione, Fairholme, Todd, Ellard, & Ehrenreich-May, 2010, P.91）。DBT 中的正念技能是一种注意意识，它鼓励人们放慢脚步，集中注意力，体验当下发生的一切，从而使人们获得独特的视角，更明晰地看清事物，发展出新的理解。因此，正念意识使改变成为可能。对于那些青少年，他们的"失控"行为往往是情绪失调的结果，正念是调节情绪和减少冲动行为的有力工具。

当治疗师使用正念技能时，能够更准确地观察青少年，从而更有效地提供帮助。保持正念意识的治疗师能够以更真实、更真诚的方式做出反应，这对一名对外界充满戒备的青少年非常具有吸引力。

正念引导青少年做最有效、最有帮助的事情，而不是做那些感觉"公平"或"正确"的事情（Linehan,1993a）。许多青少年被教导（直接或间接地）要避免产生不愉快或痛苦的情绪，因此，他们没有学会管理情绪的技巧。当青少年在处理挑战情绪的能力上远远落后于同龄人时，"逃避"行为就变得越来越必要，而当他们感觉好一些时，"逃避"就会得到加强。正念技能可以让青少年自我暴露出痛苦的情绪，让他们体验自己的情绪，从而学习并最终应用整个治疗过程中传授的技能（有关技能的更多信息，请参见第4章）。

正念练习

为了了解正念是如何让人慢下来并获得新的意识的，试试下面的练习。

花几分钟时间，慢慢地写出你的名字，注意书写过程的几个方面：

- 你如何拿起笔，以及把它放在手中的哪个位置？
- 你动用了哪些部位的肌肉？
- 你移动了手指还是手腕？
- 你在纸上写得有多用力？
- 你如何固定纸张？
- 你的手有什么感觉？
- 你的笔迹有什么不同吗？这段经历怎么样？

既然你已经亲身体验过这个练习，那就和一名青少年或者他的家长一起试试吧。

当练习结束后，与练习者一起回顾他注意到了什么，他产生了什么新的意识，以及当他放慢书写速度时，他是否意识到自己的书写有什么不同。青少年（和他的家长）学习放慢节奏的重要性，以改变行为方式。

接受

许多青少年被希望他们改变的父母带来治疗，但是这些孩子希望有人"理解"他们的感受。DBT 治疗师能够理解这些孩子所感受到的内在冲突和痛苦，做出积极有效的反应，接受并认可他们的行为。正如下面的案例所示，当治疗师认真倾听青少年的心声时，他也会对治疗师给予回应，然后配合治疗，为改变做出努力。

斯科特，15 岁，是一名高一学生。他经常旷课，独自躲在房间里，躺在床上，不交朋友，也不和父母沟通。他的父母在浴室里发现了很多烟蒂和酒瓶，他们质问斯科特怎么回事。斯科特承认在过去的一年时间里，他一直抽烟和酗酒，这使得他的父母更密切地监视他的活动。

在治疗师与他们的第一次会面中，斯科特静静地坐在椅子上，窝着身子，把脸藏在运动衫的帽子里。斯科特的父母诉说："斯科特对我们很不尊重，当我们不让他做想做的事情时，他就会大发雷霆，他在学校里也不做任何功课。"他们担心他考不上好大学。最后，他们还表示，最担心的是斯科特会严重地伤害自己。

当治疗师单独会见斯科特时，他始终保持沉默。当治疗师开始谈论 DBT 疗法，表示理解他的内心一定在承受着巨大痛苦时，斯科特终于开口说话了，他说没有人能理解自己。治疗师专注地听斯科特说话，一直都与他保持眼神交流。

在第一个疗程中，治疗师明确表示，他理解斯科特的想法，他想帮助斯科特弄清楚到底想改变什么行为，让他的生活发生改变。治疗师对斯科特说，可以帮助他学习新的技能，这样他就可以安全地管理自己的情绪，他们将共同决定目标行为方式，达成既定目标。尽管斯科特不确定自己想做什么，但他慢慢了解这种治疗方法将帮助他改变行为，他有意愿并且有能力这么做。他已经喜欢上了从治疗师那里获得的积极和有效的关注。

从这个案例中可以看到，为了帮助斯科特进行改变，治疗师率先承认他的一些行为的客观存在，比如抽烟或喝酒的事实，就能让他感觉好多了，这实际上已经能够有效地帮助他调节自己的情绪。但是，这些行为产生了不良后果，这也是斯科特的父母带他去治疗的原因。一般来说，青少年不会做出别人强加给他们的改变。对青少年开展治疗的前提，必须是他们"接受"这项工作，并且参与制定治疗目标。DBT的治疗协作确保青少年所做的改变将是有意义的和有帮助的。医生－患者关于治疗目标的协议与治疗的有效性相关，DBT 也不例外。

基于前面对案例的分析，斯科特可能并不想戒掉抽烟和酗酒的坏习惯。斯科特喜欢治疗师不会让他对自己的行为感到羞耻的态度，治疗师理解抽烟和酗酒可以帮助他"得到一些缓解"，这是其他成年人不能够明白的。斯科特开始意识到抽烟和酗酒对他的生活有一些负面的影响（例如学习成绩下降、自由更少、监视更多），这是他不喜欢的。斯科特和治疗师讨论了重获曾经的美好生活必须做出哪些改变。通过这种方式，治疗师慢慢了解了斯科特的需求，从而找到改变行为的解决办法。

如果这位治疗师没有先认识到斯科特所谓不良行为对他情绪缓解的作用，这场关于改变的讨论就不会发生。这种坦诚的互动方式对青少年特别有效。尊重来访者是 DBT 疗法的一个重要前提。

认可和接受

认可是对青少年说"我懂了"的一种方式，让青少年明白即使你不同意或不喜欢，你也能对他感同身受。认可是用来表示接受的工具，接受是发生改变的必要条件。DBT（Linehan,1993a）中概述的各种认可策略帮助治疗师们真正地理解青少年的感受，帮助有戒心的青少年参与治疗。治疗师意识到主动认可青少年的行为，可以确保治疗环境不会是无效的，从而使改变成为可能。

许多治疗师把认可和同理心等同起来，即告诉别人你理解他正在经历的事情。事实上，认可本身就有同理心的含义，表示一方有意愿在另一方说的话中寻找什么是有效的。但它也不是绝对的，只有当听到的人觉得他被理解时，才能视为真正的"认可"；每名治疗师必须对每位前来就诊的青少年进行个性化的认可。认可的过程中，通常会暴露更多的来访者信息（Fruzetti, 2005）。如果青少年不愿意沟通，你可能要重新评估一下青少年是否觉得你理解了他。

如果一名青少年说："你真差劲。"这个表态能够说明什么？事实可能是，他感觉没有被理解，很可能还有些生气。运用正念意识，治疗师可以接受青少年的失望和愤怒，以及自己在当下的失误之处，甚至承认自己不够理解对方，而不会变得具有防御性。然后，治疗师可以和青少年一起寻找方法，使其更加有效，这就使治疗师从与青少年的权力斗争中解脱出来，还能向前推进双方的关系。

一名在治疗过程中变得异常情绪化的治疗师不能有效地认可青少年。治疗师可能需要退一步，站在青少年的角度来看问题，在青少年的陈述中寻求突破，认识到在这种情况下青少年已经"尽力而为"，并寻求向其传达认可的方式。就是在这样的时刻，正念——只是不加判断地观察情况——可能对治疗师最有帮助。认可青少年的步骤（Linehan, 1993a; Miller, Rathus, & Linehan, 2007）的描述如下所示。

如何有效地认可青少年

第一步，感兴趣地认真倾听。

第二步，站在对方的角度考虑问题。停下来，后退一步，观察和思考：

- 放慢你的回应时间；
- 不要急着解决问题，关注当下的影响；
- 不带偏见地观察你的来访者；
- 保持客观中立；
- 不要假设你无法观察到的东西；
- 不要混淆行为的意图和后果。

第三步，寻找对青少年有效的方法。记住，青少年在特定的环境下已经尽了最大的努力。青少年感觉如何？如果你不知道，就去问。其他人在类似的情况下会有什么感觉？这名青少年到底怎么了？是环境中的什么因素触发了旧的记忆，重拾了从前的感觉吗？

第四步，真诚地承认青少年所说的是有效的、有意义的。想办法让青少年知道你很重视他。无论是口头还是书面上，都要注意自己表达了什么。注意不要认可那些实际上无效的行为（对于改变目标行为没有帮助的行为，比如打老师）。

第五步，如果你和青少年之间出现了权力斗争，问自己几个问题：

- 在这种情况下，我会带来哪些不好的影响？
- 这种情况会触发什么？
- 我是否对正在发生的事情或正在说的话进行了个性化处理？
- 我是否在评判别人？
- 我是否进展太快而无法解决问题？权力斗争是不是一种信号，表明即使我在努力认可对方，青少年却没有感觉到？

第六步，判断你对青少年的理解是否准确，询问青少年是否感到被理解和认可。

理解认可

认可是一种非常复杂的治疗方法，需要不断地培训和实践。重要的是要从来访者那里得到反馈，以确保治疗师的行为不会在不经意间失效。根据寇尔纳（Koerner, 2012）和曼宁（Manning, 2011）的说法，它有助于了解"认可"并不意味着：

- 同意来访者所说或所做的一切；
- 做来访者让你做的任何事（这实际上会让你失去来访者的信任）；
- 在你不理解的时候，告诉来访者你理解了；
- 支持来访者的不安全行为，不指出不安全行为的存在，或支持无效的声明或行为；
- 对来访者说一些与事实不相符的话来帮助他感觉"好一

些"（例如，在来访者自认为不聪明的时候，告诉对方他很聪明）；

- 不认同来访者对你的评价，并为自己辩护；
- 告诉来访者，他是"正确的"；
- 告诉来访者，将来如何做得更好；
- 坚持声称你知道来访者为什么做他所做的事情，尽管他不这么认为；
- 告诉来访者"应该"如何感受或行动；
- 不真诚或不诚实；
- 不切实际地肯定来访者的能力。

正如知道什么是认可很重要一样，知道如何认可也很重要，寇尔纳（Koerner, 2012）和曼宁（Manning, 2011）再次指出，认可意味着如下行为：

- 专注地倾听，不加以评判；
- 将你所有的注意力集中在来访者身上；
- 通过重复来访者所说的话，积极或反思地倾听（例如，"那么，你的意思是 _____。"）；
- 询问来访者你的反映是否准确（比如，"我做得对吗？"）；
- 主动倾听来访者内心深处的声音（例如，"在这种情况下，其他人可能会感觉 _____。你的真实感受如何？"）；
- 考虑到来访者的过去，以非责备的方式理解他可能会出现这样的行为（例如，"考虑到你的过去，你做出 _____的行为是可以理解的。"）；

- 通过让来访者知道你相信他的能力来鼓励他；
- 真诚地表达，反映你对来访者的真实反应（例如，"听到这个，我的心都碎了。"）；
- 相信你的来访者。

我们认为治疗师自己真正理解 DBT 概念是很重要的，这样治疗师就可以出于本能把它们传授给来访者。为了理解被认可（或被否定）的感觉，试试下面的练习。

> **理解你在自己的生活经历中得到认可的价值**
>
> 假设召开一个会议，讨论你与来访者之间的一个问题。想象参加会议的其他人会如何告诉你更有效地与来访者打交道。想想你可能会收到的所有建议，请告诉我你对这些建议和给出建议的方式的看法，以及你自己的能力所在。你是否对每个人都有更好的想法感到不满？你觉得自己无能吗？你觉得有人认真听你说话吗？你是否觉得别人不理解你真正需要的是什么？
>
> 现在，假设参加会议的其他人都认可你。他们告诉你，鉴于你所描述的情况的复杂性，他们理解和认可你所面临的困难。想象一下，他们告诉你，如果遇到类似的情况，他们也会有同样的感受。你现在感觉怎么样？在被认可之后，你是否更容易接受别人给你的建议和指导？会议结束后，你是否自我感觉良好，对与来访者之间的合作也感觉良好？

下面，我们提供了一份认可练习范例（表 2–1），用于指导治疗师与斯科特的会面实践。

表 2-1 　　　　　　　　　　**认可练习范例**

你的情绪让你更难以认可：记住要放慢你的反应速度，并从中获得正确的观点。

> 我需要认可什么？（看看那些表达情感的非语言和语言行为。）
>
> 一些想法或感觉导致斯科特安静地坐着，用帽子遮住他的脸。

> 我意识到以下一些判断和假设，它们会让我更难去认可对方：
>
> "他不想合作，也不想参与治疗。""我希望他能更积极地参与治疗。""这让我很沮丧。"

> （记住把语言表达和感受分开，集中在感受上。）
>
> 什么对来访者有效？
>
> 我认为对方的感受或经历是什么：
>
> "斯科特正处于痛苦之中，可能因为过去的经历而不信任成年人。"

续前表

> 在认真地倾听之后，
>
> 我可以通过下面的认可性陈述让对方知道我在倾听、理解和接受他 / 她：
>
> "你看起来不舒服。看来你并不想待在这里。"

你可以通过以下"认可练习"（表 2-2）对来访者做出有效性认可。与其他技能一样，你也可以使用此练习工作表来指导你的来访者如何认可他人。

表 2-2　　　　　　　　　　　　**认可练习**

你的情绪让你更难以认可：记住要放慢你的反应速度，并从中获得正确的观点。

> 我需要认可什么？（看看那些表达情感的非语言和语言行为。）

> 我意识到以下一些判断和假设，它们会让我更难去认可对方：

续前表

（记住把语言表达和感受分开，集中在感受上。）

什么对来访者有效？

我认为对方的感受或经历是什么：

在认真地倾听之后，

我可以通过下面的认可性陈述让对方知道我在倾听、理解和接受他／她：

DBT 的改变策略

DBT 治疗师需要不断地平衡接受／认可和改变／解决问题之间的关系，仅仅关注于接受或改变将是无效的。DBT 提供了许多改变策略（见表 2-3）。为了保持 DBT 的公开透明和协同合作的特性，治疗师需要向来访者解释为什么在特定的时间使用特定的改变策略。

表2-3   DBT 的改变策略

改变的过程	需要强化的行为	需要减少的行为
技能培训	·注意意识 ·情绪调节 ·使用长期负面影响更少、更安全的行为 ·辩证思维，接受不同的观点 ·社交场合的有效性	·避免不舒服的情感体验 ·不稳定的情感/情绪爆发 ·冲动/攻击/自伤 ·僵化的、孤注一掷的思维 ·人际关系问题/害怕被抛弃
认知重组	·接受不同可能性的能力 ·合理而明智的思考	·消极的信仰体系和对事件的解释
自我暴露	·排解痛苦情绪的能力	·对情绪的经典条件反射 ·逃避和回避情绪
应急管理	·技能行为的使用和推广 ·适应性行为	·不安全行为 ·攻击行为

改变策略的应用

在上述案例中，斯科特和他的治疗师以帮助他实现行为的改变为目标。为此，他们将执行下列四项 DBT 改变战略（Linehan, 1993a）。

- 技能培训。引导他更有技巧地管理情绪、行为和生活。
- 认知重组。以形成更有效的思维方式，从而产生不同的情感体验，并最终产生更有效的行为。
- 自我暴露。找到痛苦情绪的触发因素，同时减少回避行为，使斯科特能够体验情绪，并实践他正在学习的技能，以安全和健康的方式管理这些情绪。

- 应急管理。即战略性地使用强化物来增加有效行为，治疗师在治疗过程中强化他的有效行为，并对治疗做出承诺（这包括让他的父母参与治疗，引导他们认可斯科特的负面情绪，进一步强化适应性行为，不在无意中强化他们想要消除的行为）。

我们将在接下来的章节中进一步讨论这些改变策略。然而，我们想先讨论认可策略和改变策略的对立统一关系，这是指导 DBT 实践的辩证方法。

辩证方法：接受和改变

DBT 中的辩证方法是其独特的方面之一，它鼓励 DBT 治疗师接受矛盾和冲突的观点，并认识到在相反的观点中也可能存在有效性（Linehan, 1993a）。当与青少年一起工作时，他们总是在变化，治疗师往往会卷入权力斗争，需要在不同的立场之间转换，接受不同的观点，并在必要时转变观点，这是非常必要和有帮助的。当治疗师在对立中寻求一种平衡时，来访者也能学会这项技能。青少年会发现，他可以对父母很生气，但同时也真的很爱他们（父母也会学到同样的道理）。他可以了解到，治疗师会观察这些限制，但仍然灵活地满足他的一些需求。

这种辩证法指导治疗师的干预措施，也是核心的治疗理念。例如，治疗师能够接受青少年认为改变没有意义的想法，但同时也承认，为了改善青少年的情绪和功能，改变是必要的。治疗师将巧妙和战略性地远离与青少年的权力斗争，同时鼓励青少年做出改变。我们将在之后的章节中对此进行更详细的论述。辩证法的理念也颠覆了抑郁和愤怒的青少年身上普遍存在的非黑即白的直线思维。我们寻找能同时接受两种观点的方法，引导青少年采用更灵活的思维方式。

解决家庭中不同观点、需求、期望和限制之间的平衡问题，通常是 DBT 与青少年及其家庭合作的目标。DBT 的辩证法使治疗师能够接受和认可家庭中的每一个成员，并将寻求真相、考虑谁对谁错的欲望降到最低。相反，治疗师帮助一个家庭寻求中间地带（Miller, Rathus, & Lineha, 2007）。在辩证的框架中，真相不是绝对的，就像青少年不断地发生变化一样，真相随着时间的推移而不断变化。

DBT 的目标和模式

综合性 DBT 涉及五种治疗模式，以满足 DBT 的五个目标（Linehan,1993a）。在青少年接受治疗的过程中，应向青少年及其家人解释 DBT 的以下目标。

- 帮助激发青少年做出改变的决心。
- 通过学习新技能，使青少年拥有照顾自己的能力。

- 确保学到的技能适用于真实生活环境和治疗过程之外。
- 构建环境以确保适应性行为得到强化，不会无意中强化不安全行为，治疗师可以在实践中观察自己的行为极限。
- 帮助治疗师保持有效的治疗能力。

DBT 的每一个目标都能通过 DBT 的模式达成。以下这五种模式将在第二部分中详细讨论：

- 个体化治疗；
- 技能培训小组或专门用于技能培训的个人课程；
- 紧急情况下的电话辅导和咨询；
- 家庭成员和一些在青少年成长环境中的其他人，鼓励他在家庭和学校通过自发行为和认可来推广自己学到的技能；
- DBT 咨询团队，所有 DBT 从业者在一个环境中相互认可，并讨论如何提供最有效的治疗。

综合性 DBT 和常规 DBT 治疗

综合性 DBT 包括上述所有五种模式。与此相反，常规 DBT 治疗，只将其中的一些模式纳入治疗中，治疗师将判断在他们的实践中或对每个青少年来访者最有效的模式有哪些。有些治疗师对在治疗过程之外提供指导感到担忧，他们可能会对向这样一个高危群体提供指导感到不知所措，还有些治疗师可能会发现他们没有足够的来访者来组建一个诊疗小组，或者很难找到其他治疗师来建立一个咨询团队。对综合性 DBT 的研究并没有明确指出哪种模式单独使用是有效的。

许多治疗师和治疗项目都是从组建技能培训小组开始的。随着治疗师学习更多的 DBT 原理和技能培训，他们会开始为那些正在接受技能培训的青少年提供个体化治疗。有些治疗师可以决定任何有自伤或自杀风险的青少年都必须接受个体化 DBT 治疗和技能培训。

如果你实施常规 DBT 治疗的话，重要的是监测和评估你的工作，根据需要改变治疗方法和找到有效的治疗模式。

DBT 的利弊

在 DBT 中，事物的两面性（Linehan, 1993a）被用来教授帮助青少年做出选择；就像所有的 DBT 技能一样，治疗师也可以使用它。我们编制了一份工作表"DBT 的利弊工作表"（表 2-4），以评估在实践中使用部分或全部 DBT 模式所产生的积极和消极影响。我们已经列出了在实践中使用 DBT 时会遇到的一些问题。我们鼓励你填写工作表，以帮助确定你是希望提供综合性 DBT 治疗，还是希望将一些理念而不是所有的模式融入 DBT 治疗中。这些都是个体化的、专业的判断，不能掉以轻心。当你填写最后一组时，请记住你可以从常规

DBT 治疗开始，逐步将你的工作发展为综合性 DBT 治疗。评估 DBT 的积极和消极影响可能解决不了你所有的问题，但是它将为你的选择和决定提供指导，你也可以在线上填写自己的赞成和反对意见。

表 2—4　　　　　　　　　　　　　DBT 的利弊工作表

综合性 DBT 和常规 DBT 治疗	
综合性 DBT 的积极影响	综合性 DBT 的消极影响
• 治疗模式 • 重视教学技能 • 教授接受和非评判的治疗重点	• 范式转换——需要学习全新的不同的方法 • 会面对大量的新材料和新策略
常规 DBT 的积极影响	常规 DBT 的消极影响
• 从业者能够得心应手地操作	• 效力可能有限

综合性 DBT 治疗和常规治疗	
综合性 DBT 的积极影响	综合性 DBT 的消极影响
• 在高风险和挑战性的来访者中被证明是有效的 • 在治疗过程中为治疗师提供支持 • 增加参加治疗的来访者人数	• 处理危机时进行电话辅导的时间投入和中断治疗 • 不可忽略的学习曲线 • 需要投入大量人力

续前表

常规 DBT 的积极影响	常规 DBT 的消极影响
• 减少学习新模式和新策略的压力 • 在咨询团队中承担较少的责任 • 获得做熟悉的事情的舒适感	• 无法成长或学习新技能 • 对高风险来访者可能不那么有效

综合性 DBT 治疗和常规 DBT 治疗	
综合性 DBT 的积极影响	综合性 DBT 的消极影响
常规 DBT 的积极影响	常规 DBT 的消极影响

但是不管你做了怎样的选择，在本书的其余部分，你都会发现 DBT 策略和技巧对治疗特定类别的青少年很有帮助。

治疗师的假设

DBT 对治疗师的要求非常高，他们要在治疗中持续保持认可和改变之间的平衡，并对有很多行为问题的青少年保持客观的立场。这种对治疗师和青少年的高标准、高要求将他们在 DBT 的治疗过程中联结起来，对二者来说，这既是困难的，也是非常有益的。

第一部分 叛逆：从乖宝变成了叛逆不羁的"刺猬"

下列假设改编自 DBT 先驱们的著作（Linehan, 1993a; Miller, Rathus, & Linehan, 2007; Swenson, 2012），以期为你的工作提供指导。

治疗师的 DBT 假设

- 为了发生改变，必须要有人愿意接受改变。
- 治疗师不会对青少年做出假设；他们开发理论，提出问题，如果他们的理论不准确，他们愿意改变。
- 获得青少年对治疗的承诺十分必要。治疗师必须从青少年那里不断地获取对治疗的承诺。
- 采取客观和辩证的立场。
- 治疗师向需要用更健康的行为取代不健康行为的青少年传授技能。
- DBT 的所有过程都是公开透明和协同合作的。
- 治疗师将在会议中优先考虑治疗的专业性，以专注于目标，并将对"危机时刻"的反应最小化，除非它与治疗目标相关。
- 治疗师将开发一个强化适应性行为的环境，并试图消除不安全和不健康的行为。
- 治疗师将注意、认可和聚焦不安全的行为。
- 治疗师需要意识到自身的局限性，清楚地传达出来，并且一以贯之地坚守边界。
- 治疗青少年，治疗师需要来自咨询团队的支持、认

可和技能拓展。

- 治疗师将认真地检视自己的工作，并保持其能力和有效性。
- 治疗师将在自己的生活中使用 DBT 技能。
- 在工作中使用或合并 DBT 策略的治疗师需要具备整合概念的技能，以便更自如地应用于治疗。

总结

在本章中，我们介绍了 DBT 的基础理念，以及接受和改变的辩证法，当你提供 DBT 治疗时，这将对你的工作有指导作用。当你诊疗青少年时，我们提供了几个具体的方法来练习接受（认可）和改变。最后，我们还提出了一些 DBT 假设，希望对你的工作有所帮助。

第二部分

孩子身处叛逆期，父母及助人者的正确做法

第3章
与其忧心，不如培养孩子解决现实问题的能力

DBT 个体化疗法基于这样一种认识，即治疗师能通过最人性化和最有效的治疗手段，帮助来访者改变原有的生活方式，使他更容易达成自己的人生目标。在对青少年的治疗中，治疗师主要针对青少年本人、其家庭成员以及二者之间的关系，提供有效的行为方式，使其生活发生改变（Sanderson, 2001）。为了确保治疗真正有效，DBT 治疗师在传授 DBT 技能如何在他们自己的生活中发挥作用的相关经验的同时，必须愿意并且有能力维持专业水准。

DBT 治疗从个体治疗师开始，他们负责引导青少年学会接受治疗，比如承认青少年参与治疗的犹豫和不情愿，验证他的担忧，并详细解释治疗框架及其如何能帮助他。个体治疗师让青少年看到，他可以改变自己的生活，实现自己的梦想。

个体治疗师的作用

DBT 疗法的第一步是与青少年建立互相信任、协作的联系，通过这种联系，治疗师能够为治疗目标而努力。正如斯温森（Swenson, 2012）所说："你把治疗带入了这段关系，而不是相反的情况。"DBT 个体治疗师就像是一名协调员，执

行以下操作。

- 通过获取青少年及其家庭成员的详细病史，来了解和评估青少年。
- 引导青少年及其父母了解 DBT 的组织架构和哲学原理。
- 与青少年及其家庭成员合作制定治疗目标，强调哪些是最重要的。
- 优先考虑那些危及青少年生命、干扰治疗和影响青少年想要的生活的治疗目标。
- 获得并监测对治疗的承诺，并在青少年对任何治疗方式都难以接受时，从认可策略再出发。
- 向青少年介绍每日日志。
- 针对任何模式下发生的任何目标行为或治疗干扰行为进行链分析。
- 实施改变策略。
- 帮助青少年构建适合的环境。
- 指导青少年在危机时期使用有技巧的和安全的技能。
- 了解青少年在治疗过程中与治疗团队其他成员之间的任何问题。

在本章中，我们将看到罗莎的个体化治疗案例，以及治疗师是如何开展治疗的。

　　罗莎 18 岁了。她小时候从俄罗斯被领养，此后一直与养父母生活在一起。从童年到青春期，她与其他两个被收养的姐妹和养父母的关系一直很紧张。由于她曾经出现过危险行为，经常被排除在家庭活动之外，因此她认为家里没有人认可或接受她。因为罗莎在课堂上的行为非常具有破坏性，她被送进了一所青少年管教高中学习。当她心烦意乱的时候，她会毁坏家里的财物，在家里举办派对，偷走家中的贵重物品，还攻击她的父母和姐妹，并用香烟烫伤自己。她已经接触过很多治疗师，但她都认为毫无帮助。

罗莎因酒后驾驶被逮捕，她开车撞到一棵树上，她和车上的乘客都受伤严重。她因此面临牢狱之灾，她的律师建议她接受 DBT 治疗，确保行为的安全性。她坚决反对药物治疗，对治疗的效果持怀疑态度，并表示她只是因为律师推荐才参加治疗的。

治疗的第一阶段

在治疗的第一阶段，只要是必要的，DBT 治疗师就要尽可能多地花时间引导青少年接受 DBT，并获得青少年对治疗工作的承诺。

这一阶段的治疗可能与"常规治疗"类似，治疗师使用许多人际交往技巧来获取青少年的信任，以及建立工作上的联系。在早期的会话中，治疗师更关注接受和认可，而不是改变，尽管治疗师需要寻找机会适时引入有效的改变策略。

但是，治疗师不能太快改变治疗方案，否则青少年可能会反抗，甚至还有可能强化危险行为。那些没有取得青少年对治疗目标的承诺、过早强调改变的治疗师会发现，治疗过程很容易停滞不前，因为青少年不愿为此付出努力。因此，在治疗早期获得青少年的承诺是非常重要的，而且需要在必要时重新审视这一承诺。

当治疗师和青少年都准备好从治疗的早期阶段向下一阶段过渡时，青少年理解了 DBT 治疗对他的期望并承诺参与，以减少他的危险行为，保全生命。这时，治疗师才可以开始使用改变的策略。

为青少年咨询

DBT 治疗的目标之一是帮助青少年学习如何有效地管理现实生活中的情况，治疗师需要教授"生活课程"。在这方面，DBT 治疗师扮演着青少年"顾问"的角色，帮助他适应现实生活的环境，在治疗过程中引导他，除非绝对必要，不要直接为他发声（Linehan,1993a）。

帮助青少年适应环境和自我辩护

如果一名青少年在家庭关系中出现了问题，DBT 治疗师会帮助青少年学习与家长交谈和为自己辩护的技巧。治疗师可以组织召开一次家庭会议，青少年在会议之前练习技能，以便治疗师在家长在场的情况下，更直接地观察和指导他们的行为。会议的准备工作为治疗师提供了直接为青少年示范技能的机会，目标是增加青少年对自己处理生活中出现的问题的自我效能感。

个体治疗师还可以帮助青少年解决在学校发生的问题，但只有当青少年还不具备处理问题的技能，或者当他在环境中遇到解决问题的障碍时，才会直接干预。

如果青少年向技能培训师、心理医生或 DBT 团队的其他成员提出问题，治疗师通常不会与团队的其他成员讨论青少年的担忧。相反，治疗师会指导青少年直接与团队的其他成员进行沟通，讨论可能存在的问题和管理这些问题的方法，并鼓励青少年维护自己的权利。

治疗师认识到，当青少年觉得自己有能力时，他们会感觉更好，而为自己辩护是他们体验自己的优势和能力的方式之一。然而，有时可能需要更直接的干预（父母、学校、心理医生等），因为青少年并不总是有能力解决问题，或者需要治疗师的干预以确保行为安全（Miller, Rathus, & Linehan, 2007）。治疗师应该尽可能多地与青少年沟通，并尝试帮助他们建立进行自我辩护时的技能模型。

优先目标

DBT 治疗聚焦于优先目标（Linehan,1993a），并尽量减少对青少年进入治疗阶段时正在发生的问题或其他困扰青少年的问题的讨论（如与父母的争吵或同伴冲突）。因为情绪失调的青少年经常面临困难的情况，常处于"危机"之中（无论是感知到的还是现实已经发生的），青少年理所当然地希望每一次会议都能集中在当下困扰他们的问题上。如果治疗师遵循青少年的想法开展治疗，他们可能会短暂地好转，但是他们将难以学到避免类似情况，以及今后以更安全或更有效的方式管理这种情况所必需的技能。治疗青少年的两难境地是，如果你过度关注他们当下的需求，你将没有时间和机会去教授改变所必需的技能。

DBT 明确了通常难以言说的治疗前提：青少年必须活着才能参与治疗，他必须参与治疗，才能有效地使用疗法，并做出必要的改变。因此，DBT 是围绕以下优先目标构建的：威胁青少年生命的行为、干扰青少年参与治疗的行为、影响青少年生活质量的行为（Linehan,1993a）。

表 3–1 按照优先级处理的顺序，描述了治疗师将在会面中关注的目标行为（Linehan, 1993a）。

表 3–1	DBT 治疗的目标行为及优先级
目标分类	**特定行为**
优先级 1：任何对青少年造成或可能造成身体伤害的行为	·企图自杀 ·产生自杀的想法 ·进行自伤，或产生了自伤的想法 ·使用物品进行自伤 ·从事其他有致命或受伤风险的行为（如与警察打架、酒后驾驶、危及生命的饮食失调等）

续前表

目标分类	特定行为
优先级 2a： 青少年干扰治疗的 任何行为	• 由于种种原因错过或取消个人或小组会面，包括住院过度治疗 • 会面时迟到 • 不会将每日日志带到会面中 • 不向技能小组提交作业 • 在出现危机时，不打电话给治疗师 • 由于协议之外的原因，或者不遵守治疗师的限制，滥用电话指导的技能 • 在会面时不回应 • 在会客室里实施破坏行为
优先级 2b： 治疗师干扰治疗的 任何行为	• 迟到 • 不回电话 • 在治疗过程中不查看或整合每日日志 • 未完成链分析 • 对青少年进行评判 • 专注于改变或认可 • 与青少年进行权力斗争
优先级 3： 任何妨碍青少年 过上他想要的生 活的行为	• 药物滥用 • 患有不会危及生命的饮食失调症 • 与家人或同伴吵架 • 不上学，也不工作 • 逃避责任和活动 • 同伴关系很差或很少 • 经济、住房或教育方面的问题

自伤行为

在优先目标的背景下，自伤行为应该放在什么位置，这是一个问题。所有对青少年的身体造成伤害的行为和所有自伤的想法，无论是否有自杀的意图，都被认为是威胁生命的行为，被列为优先考虑的目标。自伤和谈论自伤是自杀的先兆行为，可能会留下永久性伤疤或导致意外死亡，必须认真对待。此外，治疗师需要承认自伤是一种青少年表达需要深切关注的方式，并传达这是不可接受的行为的信息（Miller, Rathusm, & Linehan, 2007）。

干扰治疗的行为

DBT 治疗师要认识到青少年的参与和遵守治疗规则对于改变的重要性。DBT 独特且战略性地优先考虑那些干扰治疗的行为，并指导治疗师如何应对。表 3–2 是对这些行为的描述，以及治疗师用来应对这些行为的技能。

表 3–2 干预 DBT 治疗的行为及解决办法

干扰治疗的行为	干扰行为的影响	治疗师的应对
取消、错过或延迟会面	不一致的治疗会阻碍进展，也不能使治疗获得最大的效果	• 一些治疗师观察到一个规律，即连续错过四次会面的青少年将不能完成此次 DBT 治疗，但他可能过一段时间后再重新开始治疗（未发现这一规律的治疗师，反而可能给予青少年更多参与治疗的机会。） • 通过链分析对行为进行优先排序和探索，在这些行为得到解决之前，青少年不能讨论其他问题 • 治疗师帮助青少年解决链条上出现的障碍

续前表

干扰治疗的行为	干扰行为的影响	治疗师的应对
不带或不完成每日日志或家庭作业	治疗师不知道在一周内发生了什么；青少年失去了观察和描述自己行为的机会	• 用应急管理来让青少年在讨论其他问题之前完成会话 • 对行为进行链分析，以便青少年和治疗师能够识别和解决问题
不使用电话指导	青少年不会有技巧地使用技能渡过难关	• 进行链分析，以强调不联系治疗师的选择或这样做的问题所在 • 改变策略和应急管理技能都鼓励青少年在下次遇到危机时打电话 • 治疗师通过在工作日拨打一个非危机电话，或发出一条短信，让青少年不排斥这些工作
不遵守治疗师的限制条件	这些行为会让治疗师精疲力竭，可能导致治疗效果不佳，或者可能导致治疗师不想与青少年合作	• 治疗师处理每一个不尊重限制条件的行为，可以做一个链来进一步理解该行为 • 治疗师评估自己是否允许这种行为，以及是否有明确透明的限制条件 • 治疗师直接对青少年的行为进行评论
会话中缺乏回应	对于治疗师来说，这种行为是令人沮丧的，影响治疗进程	• 治疗师使用一种不礼貌的沟通方式来吸引青少年 • 治疗师注意到可能存在的认可不足或对治疗的承诺较低。作为回应，对目标进行支持性的审查和重新承诺，并专注于认可 • 治疗师使用间接沟通（隐喻、寓言等）来绕过阻力和防御

续前表

干扰治疗 的行为	干扰行为的 影响	治疗师的应对
在治疗师会面室的辱骂行为，例如，破坏会面室或对工作人员进行辱骂	这些行为可能是青少年之所以来参与治疗的一些行为。不能忽视它们，否则青少年会认为自己的行为方式是可以被接受的；这些行为也会引发治疗师的情绪，可能会让治疗师精疲力竭，或者导致治疗效果不佳	• 治疗师对这些行为进行评论，并使用偶发事件（如不再关心）作为一种方式来说明这些行为是不可接受的 • 青少年扰乱或伤害他人，或破坏财产，可能会被要求"恢复"或以其他方式"补偿"

治疗师对干扰治疗行为的处理目标是在未来将其影响降到最低。每一种干扰治疗的行为都会在治疗中被处理，直到它不再产生干扰（Linehan, 1993a）。治疗师将练习自己的正念意识，以便识别干扰他们为青少年提供最有效治疗的行为（Swenson, 2012）。

针对治疗师的干扰行为

DBT 也要解决治疗师的干扰行为。如果治疗师在治疗中迟到或者不回邮件或电话，治疗师意识到这种行为可能会对治疗产生负面影响，想要修复与青少年的关系，就可能会选择道歉，为青少年树立榜样。从治疗师到青少年，纠正干扰治疗的行为对于建立和维护信任及有效的工作关系是非常宝贵的。治疗师如果没有意识到自己作为从业者的局限性，以及他们与青少年互动的方式，就不能进行有效的 DBT 治疗。陷入与青少年的权力斗争、"反对"他们的要求或期望的治疗师将会发现以下两点是有益和有效的：（1）辩证的意识，即青少年的要求和担忧是有效的，治疗师需要从青少年的角度来寻找这种有效性；（2）在整个过程中保持自我意识和专注，避免权力斗争，帮助青少年接受不同的观点。

观察和保持治疗师的底线

即使是经验丰富的治疗师，在面对青少年的某些行为方式时也会觉得被冒犯，甚至产生抵触情绪，使他们难以与青少年共事。许多青少年是被之前的心理医生"开除"以后，才找到 DBT 治疗师的。DBT 治疗师认识到，某些青少年的行为可能会导致他们丧失参与治疗的意愿。DBT 鼓励治疗师观察和维持底线，以尽量减少治疗师对高风险的青少年可能产生的挫折感和倦怠感，并通过清楚地表达以下期望来使这些"底线"变得透明和清晰。

- 在什么时间接听青少年的电话，指导他们度过危机。
- 在什么时间打电话，询问好消息、修复关系以及其他问题。
- 他们愿意在治疗间隙与青少年讨论什么。
- 在会面室里被接受或不被接受的行为。

- 他们所能接受的自我暴露的程度。

治疗师采用一致的应急管理方式来处理青少年不遵守规则的情况。许多青少年不断要求特殊照顾，不管不顾别人的界限——让周围的人感到沮丧和挑战的行为，因为他们已经间歇性地得到了强化。这些行为对那些不遵守规则的治疗师有同样的影响，治疗师必须巧妙地守住底线。保持治疗师和青少年之间的积极关系是至关重要的，这样治疗才能继续。让我们回到早些时候见过的罗莎，看看她的治疗师是如何守住底线的。

因为罗莎出现了越来越多的自伤行为，她进行DBT 治疗已经有几个月了。她的治疗师告诉她，只能在早上 8 点到晚上 10 点之间拨打非紧急电话。但在一天半夜，罗莎打来了电话，讨论她和男友交往过程中遇到的困难。最初，治疗师是出于对罗莎自伤的担心才接了这个电话，当他意识到罗莎并没有处于紧急情况时，他尽可能温和地结束了通话，同时告诉罗莎，他们可以在第二天的工作时间再通话。又是一天半夜，当罗莎再次打来电话时，这位仍然担心罗莎自伤的治疗师还是接了电话，但是他一经评估并非紧急情况，就再次结束通话。

当治疗师接听电话时，罗莎得到了间歇性强化，所以即使治疗师迅速结束通话，她也会继续打电话，治疗师继续接听，快速评估罗莎的安全性，并以非常高效的方式结束通话。在接下来的疗程中，治疗师将这种干预治疗的行为串联起来（见下文的"链分析"），帮助罗莎以其他方式解决问题和满足她的需求，并使用咨询团队的反馈来制订一个有效的计划，在之后的治疗中解决这种行为。当治疗师在接下来的一周没有接到任何非紧急电话时，他会在下次会面时表扬罗莎。

治疗工具和策略

DBT 为治疗师提供了一系列治疗工具和策略，用于帮助青少年，并提供有效的干预措施。它们包括获得承诺、每日日志、链分析和在环境中训练。

获得承诺

通常情况下，当来访者最初见到治疗师时，他正处于危机之中，并想要立即寻求解决问题的办法。治疗师感受到帮助来访者的压力，可能会过快地帮助来访者改变行为。如果来访者没有对治疗做出承诺，那么治疗过程就不会有什么进展。在 DBT 中，治疗师将使用承诺策略，开始或重新（如果进展缓慢）使来访者参与到行为改变的工作中。

DBT 治疗师要求来访者做出对生命、安全和行为改变的承诺。如果来访者一开始不能做出这些承诺，治疗师会要求他在下一个疗程之前做到。在接受来访者能够做出的承诺时，治疗师要求更多承诺，并始终在接受和改变之间保持平衡，在进行治疗时确保安全的辩证关系。例如，当自伤行为发生时，治疗师保持客观中立的态度，要求来访者消除此类行为。在接受治疗时，治疗师继续要求来访者做出行为改变的承诺，同时接受来访者已经尽力了。治疗师加强和支持不断提高的承诺水平，并鼓励来访者做出更大的承诺来改变。

获得治疗承诺的策略

获得治疗承诺的几种策略（Linehan, 1993a）如下所示。

- 合作建立目标，并寻找将这些目标与行为改变联系起来的方法。例如，罗莎不想获罪，为了做到这一点，她承诺做出改变。

- 基于来访者对治疗的关注，重新审视做出改变的积极和消极影响。例如，在罗莎的案例中，治疗师可能会说："积极的影响是，如果你来治疗并做出改变，你的父母可能会允许你参加家庭活动；你可以不进监狱。负面影响是你必须来治疗并且努力合作，你要关注自己的行为及其后果。"

- 在获得一个更大的承诺之前，从接受一个较小的承诺做起。例如，治疗师可能为了要求每天填写日志，先接受每周填写几天的日志。

- 首先获得一个简单的承诺，然后随着来访者逐渐适应治疗，要求更复杂的承诺。例如，治疗师可能开始只要求个体化治疗，然后要求来访者加入技能小组；或治疗师可能一开始要求来访者推迟一种行为，而不是消除它。

- 向来访者暗示治疗可能非常困难，因此来访者开始反过来说服治疗师他可以做到，给他一种掌控治疗过程的感觉。
- 让来访者知道做出承诺是由他决定的，他可以选择参与或不参与，同时告诉他不选择参与的后果。例如，告诉罗莎"你可以决定不继续接受心理治疗"，同时小心地提醒"除非接受心理治疗，否则你可能会面临坐牢的风险"。
- 提醒来访者过去的（包括正处在治疗过程中的）承诺，他们已经能够兑现这些承诺了。

在整个治疗过程中，当治疗陷入僵局时，治疗师可根据需要再次使用这些承诺策略。

对话：获得承诺

治疗师：我知道你不想进监狱，而且你的律师认为 DBT 很有好处。我理解，即使 DBT 有很好的数据支撑，你也没有觉得治疗能起作用，你认为这是在浪费时间。

罗　莎：没错。

治疗师：而且 DBT 不是你可以轻易蒙混过关的东西。它需要你自愿做被要求做的事，并真正渴望改变，所以我想知道为什么你愿意尝试 DBT。

罗　莎：嗯，我绝对不想坐牢，如果这对我有帮助，也许值得。

治疗师：这意味着你要遵守承诺，填写每周的日志和完成家庭作业。你确定你能做到吗？

罗　莎：没什么。在监狱里他们会让我做更多的事！

治疗师让罗莎看到，她可以选择参加治疗，也可以选择放弃。治疗师在讨论承诺的同时，认可了她对治疗和治疗师的不信任。

每日日志

每一位接受 DBT 治疗的来访者都有一个思想 / 感觉 / 行为的跟踪工具（Linehan,1993a；Miller, Rathus, & Linehan, 2007），即每日日志，这使来访者能够注意到行为的触发点、相关性和模式。青少年需要每天记录以下相关信息：

- 与优先目标相关的想法、冲动和行为；
- 情绪以及它们在每一天的强烈程度；
- 停止治疗的冲动（或缺乏冲动）；
- 他每天使用的技能。

每周治疗师与青少年一起检查每日日志。完成日志对于有效的 DBT 治疗是非常重要的，因为它比口头报告更能准确地评估整个一周的治疗情况，并且它能将对当下危机的关注降到最低。每日日志中的信息设置了会话工作的议程。

对日志做出承诺

治疗师通过做以下几件事来完成每日日志。

- 解释日志在帮助青少年观察和改变行为方面的重要性。
- 对青少年的犹豫做出回应，一开始只要求他们完成部分内容（如下面的对话所示）。
- 在每次会话开始时提出请求。
- 每次都要仔细阅读日志，并表现出浓厚的兴趣。
- 评估目标行为，比如强烈的情绪和影响生活质量的行为。
- 如果青少年没有填写，请在会面室补充完整（如下面的对话所示）。

对话：向一名青少年介绍每日日志

治疗师：研究表明，记录行为是帮助我们做出改变的一种有效途径。你有没有注意到，减肥和锻炼计划经常包括每天要完成的图表或日志？当我们试图改变其他行为时，也是如此。在 DBT 中，我们用每日日志来进行记录。让我向你展示它是什么样子的——现在不要不知所措！实际上，它比看起来更容易填写，你愿意和我一起完成吗？让我来给你解释一下。以昨天为例，根据日志的内容，你是否曾有过自杀的冲动？请填表，回答是或否。干得好。大多数来访者告诉我们，每天填写这个表格大约需要两到三分钟。你愿意花这么一点时间来完成吗？这对于我们的会面非常重要。它将帮助我了解一周内发生了什么，我们将使用它来指导我们的会面。这听起来合理吗？

来访者：我想是的……

由于其对治疗的重要性，治疗师高度重视完成每日日志的来访者，并将其作为治疗干扰行为的目标之一（如果它没有被完成或未被带到会面室）。治疗师和来访者使用解决问题的技巧来评估完成日志的障碍，并找到确保来访者完成日志的方法。

对于青少年来说，完成每日日志通常是一件困难的事情。因为，对于一个已经感到不知所措的青少年来说，这可能只是另一个任务，而且让他们承认达成某些目标行为可能是困难的。一些青少年为了避免发生占用治疗时间完成日志的偶发事件，他们会在去治疗的路上或在候诊室里完成日志，这一做法被治疗师认为是塑造行为的一个步骤。在治疗过程中，治疗师会试图指出每日日志的重要性（青少年很难记住没有日志的那一周的细节等），并将对不能带来完整的每日日志的行为进行链分析（见下文的"链分析"），以增加它在下一周被完成的机会。

对话：如何回应一个没有把日志带来的青少年

治疗师：很高兴见到你。你带来每日日志了吗？

来访者：哦，我忘在家里了。

治疗师：真的吗？那我再给你一份，让你现在就填。

来访者：我真的不记得这周发生的每件事了，所以不会准
　　　　确的。

治疗师：我明白了。尽你所能去做，你做完了我们再谈。

当青少年填写日志时，治疗师会在旁观察。当完成日志
时，治疗师将检查日志以寻找优先目标，并使用任何优先目
标行为（包括不完成每日日志）的链分析来恢复会话。

对话：塑造完成每日日志的行为

来访者带来了只完成了一部分的每日日志。治疗师开始
强化已经做过的事情，然后继续解决问题。

治疗师：前三天，这份日志完成得很好。告诉我那些天你是
　　　　怎么想到要完成它的。

来访者：嗯，我把它放在电脑旁边，所以我晚上上网的时候
　　　　就会想起它。

治疗师：太好了，这些天你完成得很好。那几个你忘记记录
　　　　的晚上，发生了什么？

来访者：我不知道，我想我一定是把它放在抽屉里了，然后
　　　　就找不到了。

治疗师：你能记起记录的那几天晚上真的太棒了！你能否想
　　　　到一个放每日日志的地方，以便让你每天晚上都能
　　　　看到它吗？

来访者：我想是的。

治疗师：或者在一天的不同时间填写会更有意义吗？

下个星期，青少年又带来了一份每日日志，记录了更多的日子（尽管仍然没有完成）。

治疗师：哇！你真的又往前跨了一大步！我敢打赌，你下周的日志一定能全部完成。

治疗师强调了每日日志的重要性，并通过在每次会面的开始阶段，直接处理它来塑造青少年的行为。由于青少年不能提供完成好的每日日志的行为总是治疗师优先处理的目标，所以使用该工具的问题往往能够相对较快地得到解决。

治疗师不断地在要求完全遵守底线和接受青少年能够做的事情之间进行平衡，同时鼓励和支持青少年尽力遵守规则。

为青少年制定每日日志

每日日志有许多版本，我们鼓励治疗师开发个性化的日志，这样他们就可以了解与青少年最相关的信息。每日日志的模板可以在后面的内容里找到。我们建议您在为青少年定制每日日志时使用这些指导原则。

- 根据青少年出现的不同问题，列出具体的目标行为。目标行为可能包括药物滥用、偷窃、攻击、辍学、高风险行为（如在药物影响下开车）、暴饮暴食、厌食，或者与判断力差有关的、可能会给青少年带来危险的行为

（比如滥交行为）。如果青少年还产生了自伤和自杀的想法，也要归为目标行为。青少年需要区分不同的想法（"我有一个想要伤害自己的想法，但是它又消失了"）、冲动（"我觉得我想要伤害自己"）和行为（"我伤害了自己"）。

- 涵盖与青少年最相关的情绪，让其有机会从 1（最低强度）到 5（最高强度）来评估情绪的强度。

- 涵盖每个 DBT 模块的技能：正念、痛苦耐受性、情绪调节、人际交往有效性和中间路径（见第 4 章）。给青少年一个机会，让他尝试使用技能，证明是否能够有效管理他的情绪。

- 当你和青少年一同工作时，向他们展示和传授这些技能。

每日日志工作表如表 3-3 所示。

表3-3

姓名：_____

开始日期：_____

每日日志工作表

下面：填写目标行为。使用页面底部的选择来填写表明想法或冲动的强度。对于该操作，使用 Y（是）或 N（否）。

是否做到每天填写：是否

T=想法　U=冲动　A=行动

日期	目标行为												停止治疗的冲动 0~5	是否使用处方药 Y/N	情绪强度 0~5								笔记
	T	U	A	T	U	A	T	U	A	T	U	A			愤怒	开心	悲伤	内疚	羞愧	恐惧	焦虑	失望	
周一																							
周二																							
周三																							
周四																							
周五																							
周六																							
周日																							

注：想法、冲动和情绪的强度：0=完全没有；1=一点点；2=稍微有点；3=比较多；4=非常多；5=特别多。

注意是（Y）或否（N）。你可以在日志背面指出你使用的特定活动。

续前表

技能	周一 使用	周一 有用	周二 使用	周二 有用	周三 使用	周三 有用	周四 使用	周四 有用	周五 使用	周五 有用	周六 使用	周六 有用	周日 使用	周日 有用
正念														
注意：一次只注意一件事														
注意：不带有偏见														
注意：做有用的事														
描述：一次只描述一件事														
描述：不带有偏见														
行动：一次只做一件事														
行动：采取有效行动														
痛苦耐受性														
分散注意力于活动														

续前表

技能	周一	周二	周三	周四	周五	周六	周日
自我安慰							
优缺点							
接受现实							
情绪调节							
情感故事							
相反的行动							
令人愉快的活动							
所做的让我感觉							
有力量的事情							
健康的行为							
人际关系管理							
巧妙地处理事务							
巧妙地说"不"							
关注人际关系							
关注自尊							
中间路径							
自我认可							
辩证地思考/行动							

练习：基于每日日志的治疗师个体化谈话方案

在会面治疗时，有一位来访者迟到了。她几乎一坐下，就开始和你谈论她与父母之间的争吵。当你向她了解每日日志的情况时，你先大致看了一下，发现周一她有强烈的自杀冲动，她告诉父母她想死；周三，她割伤了自己的大腿。还要注意的是，她告诉你对她来说很重要的考试，她一次也没通过。

你能辨别出哪些行为会威胁生命、干扰治疗、影响生活质量吗？你要和来访者谈论的第一个行为是什么？接下来你会采取什么行动？

［答案可在本章末尾找到。］

链分析

在 DBT 中，行为链分析（"链"）是治疗师在治疗过程中对青少年使用的必要工具（Linehan, 1993a）。行为链分析是一种对认知和行为的循序渐进的探索方法，由治疗师指导青少年完成，对青少年的思想、感觉、生理反应和行为进行了解研究，将一个触发事件与目标行为联系起来，然后与可能加强的行为后果联系起来。

链分析必须始终针对某一行为的特定事件（包括事件发生的频率、持续时间和强度），还必须通过帮助青少年详细回顾导致该行为的原因来完成。如果发生了许多行为，治疗师将首先对优先级最高的行为做一个链分析。

行为链分析的目的

行为链分析的目的是让治疗师和青少年找出是什么导致并维持问题行为，以及是什么阻止了更多适应行为出现。链分析着眼于行为的以下几个方面。

- 可能会自动引发不适应行为的事件（有些行为可能由青少年对事件的条件性反应控制）。
- 可能导致问题反应的行为缺陷。
- 环境中或青少年过去发生的事件干扰了更有效的反应。
- 青少年如何产生特定的功能失调反应，以及可能的替代反应。
- 断开提示事件和问题行为之间联系的方法。
- 打破问题行为和后果之间联系的方法。

协作完成链分析

链分析需要治疗师和青少年协作完成，偶尔通过口头交流，但通常会把分析过程写在一张大纸或白板上。链分析是以一种非评判性和认可性的方式完成的，治疗师要牢记，让青少年重新审视那些导致羞耻和其他困难情绪的行为是多么困难。这个链总是聚焦在青少年的思想、感受和行为上，这样青少年就不能通过责备他人来逃避。

对于治疗师来说，链分析最重要的一个方面是，它最小化了对行为功能的假设，以及是什么让青少年回到这种行为中来。治疗师从不做任何假设，自然地扮演观察者或侦探的角色，他们一开始装作什么都不懂的样子，对一切都提出质疑。治疗师和青少年一起学习行为的前因和后果，以及因改变可能发生的变化（下文概述了如何完成链分析的细节）。然后，治疗师使用来自链分析的信息来制定治疗目标和优先级。

如何完成链分析

这是治疗师和青少年之间的协作过程。

第一步：将问题行为与每日日志上的各种目标进行链接。首先链接威胁生命的行为（企图自杀、自伤），然后链接干扰治疗的行为，最后链接影响生活质量的行为。即使可能有很多目标行为的实例，但也只能一次针对一个特定的问题行为实例执行链分析。

第二步：用非常具体和详细的语言描述问题 / 目标行为。例如，青少年可能会说："我把点燃的烟头放在皮肤上 15 秒钟，我的右臂被烧伤了。"

第三步：描述具体的提示事件和诱因。可以先问一下是什么时候开始出现问题的，例如："你第一次感到焦虑不安是什么时候？你第一次感到不舒服是什么时候？你什么时候意识到产生了伤害自己的冲动的？"然后找出引发这一系列事件的原因。我们的目标是培养青少年对触发条件反应的意识，以便将来能够以不同的方式处

理它们。

第四步：描述是什么样的环境和内在的因素，导致青少年容易受到提示事件的伤害。这些因素可能包括身体疾病、缺乏睡眠、压力、强烈的情绪，或使用药物和饮酒等。在链分析完成之后，回到链中的这一点，以评估将来减少或管理漏洞的方法。

第五步：详细说明将提示事件与问题行为联系起来的链接。链中的环节可以是行动、身体的感觉、认知、环境中的事件或感觉和情绪。你可以通过询问非常具体的问题来引出对此的具体描述，从而帮助青少年从一个环节转到另一个环节。以下是具体问题的实例。

- 你是如何从这里到那里的？

- 接下来发生了什么？

- 此时你有什么确切的想法？你对自己说了什么？

- 如果从 1 分到 100 分，感觉有多强烈？

- 你的身体感觉如何？请描述出来。

- 什么时候发生了触发事件？什么时候发生了目标行为？在此期间，你做了什么？

第六步：描述行为的具体后果。帮助青少年了解维持、强化或减少这些行为的后果，仔细研究这种行为对青少年和他周围的人造成的短期和长期影响、积极和负面影响。

第七步：详细描述更有技巧地解决问题的办法。这是通过回顾各种链分析来完成的，在这些链接中，不同的行为可能会导致不同的行为选择和不同的事件链。治疗师和青少年可以探索其他更有技巧的行为，有助于避免将来问题行为的出现。

链分析示例如下：

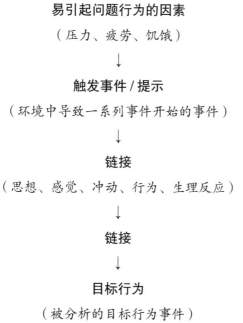

易引起问题行为的因素

（压力、疲劳、饥饿）

↓

触发事件 / 提示

（环境中导致一系列事件开始的事件）

↓

链接

（思想、感觉、冲动、行为、生理反应）

↓

链接

↓

目标行为

（被分析的目标行为事件）

↓

后果：对青少年和其他人的短期和长期影响

（强化者、惩罚者，维持行为或干扰其他行为的反应）

对话：帮助青少年了解链分析

治疗师：我们在 DBT 中用来帮助理解青少年的思想、冲动、感觉和行为之间联系的工具之一被称为链分析，简称"链"。在后面的内容中，我会为你做更详细的解释。我先举个例子：今天我上班比平时晚了一点，我发现我的车没油了，但是我没时间停下来加油，否则我就迟到了，但我会一直想着车没油这件事。当我到达单位的时候，找不到停车位，所以我感到有点压力。我注意到我的情绪紧张，有点烦躁。现在，如果我花时间想一下，可以意识到我的压力与今天早上发生的事情有关。这些被称为链中的"环节"。如果我们能够很好地理解影响自身情绪、行为和想法的事情，我们就可以更好地控制整个过程，对后续行为做出不同的选择。例如，我可以在早上给自己更多的时间；当我感到情绪紧张时，我可以做一些事情来让自己冷静下来；或者我可以打电话告诉同事，我会晚到几分钟。如果仔细想想，我可以做很多事情。这就是"链"的价值——当你觉得快要濒临崩溃的时候，你可以用"链"决定如何扭转局面，避免再次发生不好的情况。

以上面提到的罗莎为例，治疗师最终会将导致酒后驾车的事件串联起来，以便了解罗莎饮酒前的情况、饮酒的原因，以及酒后驾车时的想法。在治疗早期，这将有助于治疗师初步了解罗莎，并与她建立良好的关系。在治疗过程中，她的攻击性、破坏性、酗酒或不配合治疗的事件都将被链接起来。

治疗师开始会问罗莎"什么时候开始的"或者"是什么引发了这一连串的事件"，以此找到触发事件；然后，治疗师添加被链接的目标行为（在本例中即打破窗户）；然后，治疗师继续询问："接下来发生了什么？"罗莎的"链"上的一些环节可能看起来像这样：

1. **易引起问题行为的因素**：学业压力大，最近和男朋友吵架了。

↓

2. **触发事件 / 提示**：我打电话给妈妈问是否可以去看她，发现我姐姐来了，而我妈妈不想让我去。

↓

3. **行为**：没说再见就挂了电话。

　　感觉：紧张，脸变红，用手握拳。

↓

4. **想法**：我恨我的母亲。

　　想法：没人关心我。

↓

5. **想法**：我的生活是不公平的，每个人都不理解我。

　　感觉：悲伤。

想法：我的生活糟透了。

↓

6. **感觉**：心跳加速，脸变红，肩膀更加紧张。

↓

7. **想法**：我必须做点什么，这样我才能感觉好一点。

↓

8. **想法**：我想要一杯啤酒。

↓

9. **行为**：叫男朋友带啤酒回家喝。

↓

10. **行为**：向男朋友抱怨家人不关心我。

↓

11. **感觉**：更生气、更失望、更沮丧。

↓

12. **想法**：我需要站出来，告诉他们我的感受。

↓

13. **行为**：冲到家门口，猛敲门，和妈妈对质。

↓

14. **行为**：妈妈不让我进去，我就用石头把门上的窗户砸碎了。

↓

15. **结果**：妈妈报了警，警察警告我离开。

↓

16. 结果：我对自己的行为感到羞愧和尴尬。

↓

17. 结果：我的家人对我更加不满。

在进行链分析时，治疗师做了以下几件事。

- 注意到链上的环节，罗莎可以：（1）改变思想，使其不那么具有煽动性（环节4、环节5）；（2）运用技能（见第4章）帮助自己平静下来，或从自己的想法和感受中分散注意力（环节6、环节7、环节11、环节14）；（3）想办法去家以外的地方（环节12、环节13、环节14）。

- 帮助罗莎解决她的问题，使她可以使用一种行为或技能去克服压力，这可能会比打电话给她的母亲要更加有效，不要做一些让她感觉更糟的事情。

- 指出相关的后果，因为罗莎开始认识到，在这种行为之后，她感觉更糟（感到羞愧和尴尬），而且她的任何需求都没有得到满足，还遗留了很多亟须她解决的问题。

所有的行为都是由某件事引起的，即使不清楚原因是什么。链分析干预对于特定的行为是有用的，而且对于青少年非常有效，因为他们经常无法在思想、感觉和行动之间建立联系，也不了解行为是如何被强化的。此外，随着时间的推移，系统地使用链分析教导青少年如何注意链中的各个环节，可以帮助他们产生更多的自我意识和洞察力，以及更好地控制自身行为。治疗师在这个过程中来帮助青少年练习正念和增强耐心，在发生改变之前，这条链可能会在治疗中使用很多很多次。

　　下面是青少年在会话之外完成的简化链分析工作表的示例（见表3-4）。一些青少年可能会把"链"带回家检查，有些人可能会把它们留给治疗师。治疗师的目标是以最有效的方式与每一名前来寻求帮助的青少年协作完成它们。

表 3-4　　　　　　　　　　　　链分析工作表

姓名：＿＿＿＿＿＿＿＿＿＿　　　　日期：＿＿＿＿＿＿＿＿＿＿

目标行为：＿＿＿＿＿＿＿＿＿＿＿＿＿＿＿＿＿＿＿＿＿＿＿＿

・这是触发我的：

＿＿＿＿＿＿＿＿＿＿＿＿＿＿＿＿＿＿＿＿＿＿＿＿＿＿＿＿＿

・在这之前，我很敏感（已经因为睡眠不足、饥饿、其他压力、身
　体疾病等而心烦意乱），因为＿＿＿＿＿＿＿＿＿＿＿＿＿＿＿

・以下是我对所发生的事情的想法：

＿＿＿＿＿＿＿＿＿＿＿＿＿＿＿＿＿＿＿＿＿＿＿＿＿＿＿＿＿

・这是我对发生的事情的感受：

＿＿＿＿＿＿＿＿＿＿＿＿＿＿＿＿＿＿＿＿＿＿＿＿＿＿＿＿＿

・以下是我根据感受所做的（无效行为）：

＿＿＿＿＿＿＿＿＿＿＿＿＿＿＿＿＿＿＿＿＿＿＿＿＿＿＿＿＿

・以下是我的行为导致的后果：

	短期	长期
对我自己		
对他人		

续前表

- 下次再发生这种情况时，我会这样做，这样的结果对我和其他人都更好 _____。

_____

暴露问题行为的链分析

　　青少年通常不想重温那些让他们感到羞愧或内疚的行为。青少年对困难和痛苦情绪的逃避会导致许多问题行为，而通过问题行为成功地逃避负面情绪之后，"逃避"本身又得到强化，从而更有可能再次发生问题行为。在接受DBT治疗时，那些出现危险行为或没有遵循治疗要求的青少年知道，他们需要完成一个链分析，承认自己的负面情绪。这样一来，他们需要暴露出一开始导致这种行为的感觉，以及他们在做了目标行为后产生的羞愧和内疚。完成一个完整的链可能需要贯穿整个疗程或更长时间，而青少年在这个过程中会觉得非常痛苦。治疗师需要对青少年的艰难感同身受，并在继续完成链的同时提供认可和支持。有时治疗师可能要从链中跳脱出来，给青少年一个暂时转移痛苦情绪或使用其他应对技巧的机会，但他还是会返回来完成链。通常，完成一个链分析可以让青少年练习管理痛苦情绪的技能，并在有技巧地调节情绪方面获得信心。

链和治疗方案

链是治疗师评估青少年需求，并判断哪些改变策略最有效的一种方式。链指导正在进行的治疗计划。

通过上面的内容，我们可以看到链导致改变策略和治疗计划的方式，如表3–5所示。

表 3–5　　　　　　　　　链对改变策略和治疗计划的影响

目标行为	改变策略	影响
当罗莎被排除在家庭活动之外时，她变得愤怒	·辩证法 ·认知重组 ·技能培训（人际交往有效性技能）	罗莎能够站在家庭成员的角度上思考，为未来做出改变，并利用掌握的技能进行有效的互动，这增加了未来她被邀请参加家庭活动的可能性
罗莎生气的时候，她认为她唯一能做的事就是伤害某人或损害某物，或者喝酒	·技能培训（痛苦耐受性能力）	罗莎学会了更好地管理她的痛苦情绪，必要时，战略性地转移自己对不舒服的感觉的注意力
罗莎不愿谈论某一事件，也不想完成链分析	·应急管理 ·自我暴露	治疗师通过鼓励和花时间讨论其他问题来加强链分析的工作，并使罗莎愿意分享而不是回避痛苦的情绪
罗莎说，她喝酒是因为她觉得自己毁了家人的生活，觉得他们恨她	·辩证法 ·认知重组	罗莎学会了辩证地思考，接受了家庭成员这么做的其他原因
在罗莎有麻烦的时候，罗莎的家人更加关注她，在她做得很好的时候，则没有给予应有的关心	·构建环境 ·应急管理	父母学习行为管理的原则，使他们看到他们无意中强化了危险的行为，并帮助他们更关注健康的行为

在环境中训练

治疗师理解青少年在处于不同的环境、面临危机或情绪失控时，难以自如地使用在 DBT 个体化治疗或技能培训小组中学习过的技能。DBT 治疗师不会假设青少年在某一种环境中学到的行为，能够很自然地适用于别的环境中；相反，治疗师通过在不同的环境中对青少年进行指导，努力帮助他们在生活的各种环境下使用技能（Linehan, 1993a）。

当青少年情绪失调时，他们清晰思考的能力就会受到影响，这让他们无法轻易地"施展"更有技巧的行为，他们可能重蹈覆辙。因此，我们鼓励青少年通过打电话、发短信或其他方式向治疗师寻求指导，这样治疗师就可以帮助他们使用技巧来安全地管理情绪。

指导的方向和目标

青少年在治疗的早期阶段是最危险的，所以需要接受指导。治疗师应将精力集中在如何解决青少年问题行为的指导上，而不是耗费时间"关心"他们为什么会心烦意乱。以下是指导的主要目标。

- 帮助青少年学会使用技巧，帮助他们有技巧地处理危机或困难，而不是使情况变得更糟，从而让他们感觉良好。
- 与青少年共同解决问题时，如何在保持冷静的状态下巧妙地渡过难关。
- 帮助青少年将其在治疗中学到的技能应用于生活的方方面面。

如何指导

通常，治疗师给青少年的电话指导或短信交流不超过几分钟，不应该是心理治疗的重复。在指导时，治疗师要做到以下几点：

- 评估青少年的安全；
- 让青少年关注当下正在发生的事情；
- 建议青少年使用过去曾带来帮助的技能；
- 确保青少年能执行建议；
- 关注青少年的担忧，并予以认可。

青少年经常受情绪驱使，导致他们做出冲动和鲁莽的行为。在这些情况下，一名治疗师可以帮助他减缓冲动，有技巧地解决问题。如果建议的方法不够有效，那么青少年还可能需要更多的指导，这时治疗师会要求青少年再进行电话联系。

如果治疗师担心青少年有自杀倾向或其他不安全因素，那么他可能必须与父母或其他监护人进行沟通，以确保青少年的安全。因为维护青少年的安全是指导的首要目标，它比推广技能更为重要。如果一名青少年不能承诺安全行为，那么他身边的人可能不得不参与治疗，帮助他维护安全。

对话：介绍电话指导

治疗师：你参加过体育运动吗？

青少年：是的，我踢过足球。

治疗师：当你踢足球的时候，可能会有教练指导你踢球，
　　　　对吧？

青少年：是的。

治疗师：然后，当你参加比赛时，教练会在场边给你支持和
　　　　指导，叫你上场。大多数心理治疗就像体育训练，
　　　　比赛时没有教练在场。但DBT是不同的，在关键时
　　　　刻，比如你想伤害自己的时候，你可以电话联系我。
　　　　我希望你在采取行动之前给我打个电话。我将在那
　　　　一刻给你提供帮助，这样你就能有技巧地并且有效
　　　　地做出改变。

青少年：好的。

治疗师：现在，我是认真的——你需要给我打电话。我把我
　　　　的手机号码给你，你给我打个电话确认一下。

（青少年坐在会面室里给治疗师打电话。）

治疗师：太好了！我手机里有你的号码，这样你再打电话时
　　　　我就知道是你了。还有两种情况，你也可以打电话
　　　　给我。一是我在治疗过程中说了什么或做了什么，
　　　　让你感到很烦恼。我希望你能打电话给我，让我注
　　　　意到这件事。二是你真的有好消息。我喜欢听到好
　　　　消息，你可以打电话告诉我一些非常积极的事情。
　　　　最后一件事——当你有伤害自己的冲动时，你可以
　　　　在任何时间给我打电话，无论是白天还是晚上。我
　　　　可能会漏接你的电话，这取决于我在做什么。即使

我当时无法接听，我也会尽快给你回电话。我希望你在等我电话的时候不要表现出自伤的冲动。如果你打电话是为了告诉我好消息，或者是为了引起我对我们会面的注意，那么我希望你在早上6点到晚上10点之间给我打电话，那是我醒着的时候。但如果你需要指导避免自伤，你可以随时打电话给我，我会尽最大努力陪着你。如果你联系不上我，我将给你治疗团队和其他社区工作人员的电话号码。

在指导中守住底线

以上的指导方针清楚地表明，治疗师设置了期望值和极限值。青少年被告知他什么时候应该打电话，什么时候可以打电话。治疗师还明确表示，他将尽最大努力尽快做出反应，而不会设定不切实际的期望。最后，治疗师区分了呼救和分享好消息的电话，并对不同的行为设置了不同的限制，这使得整个过程对青少年来说是透明的。很明显，治疗师在情况允许的时候才能接听这些电话，如果情况不允许，则会很快地回电话。例如，我们让青少年认识到，我们不会在会面进行到一半时接电话（有些青少年可以在会面时看到我们拒接电话），或者开车时也不会接电话，但我们会尽快给他们回复。

评估治疗结果

DBT治疗师帮助青少年和他们的家庭学习更有效的行为，他们需要评估干预是否有助于促进积极的行为改变。主要评估以下问题。

- 青少年是否越来越多地使用更有技巧和更安全的行为来管理情绪？
- 青少年的危险行为和住院率是否有所下降？
- 青少年是否在家庭和学校使用更有效、更有序的行为？
- 青少年是否觉得没那么痛苦，更像是在追求自己想要的生活？

观察变化

米勒、拉瑟斯和莱恩汉（Miller, Rathus, & Linehan, 2007)建议你可以观察以下变化作为衡量青少年治疗进展的一种方式。

- 一名原本很少完成每日日志的青少年开始定期记录。在每日日志中可以看到的其他变化，包括与自伤或其他目标行为相关的想法、冲动和行动的减少，以及在每日日志中快乐或满足等情绪的增加。
- 一个之前很少电话咨询的青少年现在经常打电话进行咨询，并以此减少自伤行为。
- 青少年的治疗干扰行为减少。
- 青少年更乐于参与技能小组，并开始发挥领导作用，帮助小组加入的新人。
- 青少年更积极地参与链分析，而不是回避困难的情绪。
- 家庭报告显示，青少年减少了攻击性或不安全行为，增加了认可和有效的沟通。

无论改变的速度有多慢，监测评估青少年是否正在发生变化，是否正在朝着自己的目标前进才是更加重要的。改变是治疗的最终目标，治疗师需要对他们的工作和策略的有效性持续地进行评估。如果青少年没有好转，治疗师可能就需要改变策略，重新评估青少年的承诺，或者重新评估目标。治疗师应该牢记有效性的重要性，时刻关注青少年的变化。

总结

在本章中，我们讨论了 DBT 个体化治疗的基本框架和方法，以及如何综合使用它们来帮助治疗师制订一个整体的治疗计划，以便开展个体治疗。DBT 的治疗目标是减少或消除青少年的威胁生命、干扰治疗和影响生活质量的特定行为，并理解行为的功能和维持它们的因素。为了方便实操，我们已经为你提供了有效治疗方法的示例。在第三部分中，我们将进一步阐述如何将这些方法应用于特定的问题行为。

> **"练习：基于每日日志的治疗师个体化谈话方案"（P73）答案**
>
> 威胁生命的行为：割伤大腿，有自杀的冲动，告诉父母她想死。
>
> 干扰治疗的行为：在会面治疗时迟到。
>
> 影响生活质量的行为：与父母吵架。
>
> 要和青少年谈论的第一个行为是自伤（割伤大腿），接着是自杀的冲动，然后是她告诉父母她想死。

第4章
管理好孩子失控的情绪和行为是第一要义

在 DBT 中，技能培训将使青少年发生强有力的改变。它的重点是教授青少年技能，使他们能够通过管理痛苦的情绪来防止情况恶化，重新张开双臂，拥抱美好生活（Linehan, 1993a, 1993b）。本章先来讨论这些技能本身，然后讨论如何教授这些技能。

DBT 的假设前提是青少年缺乏情绪管理的技能，没有足够的能力以更安全、更适应的方式表现出更稳定的行为。DBT 意识到青少年的情绪强度干扰了对同龄人来说更自然的学习行为，所以 DBT 专注于教授青少年在情绪失调时难以获得的技能。技能培训是 DBT 治疗的重要一环，治疗师通常在单独的个体化治疗或有组织的技能小组中教授这些技能。当这些技能被整合后，青少年将能够通过以下方式做出更有适应性的行为：

- 安全地管理情绪；
- 有技巧地与周围的人打交道；
- 对自己和身边的人有充分的认知；
- 能够面对困难的情况，而不是诉诸让情况变得更糟，或导致自己羞愧或内疚的行为；
- 不钻牛角尖，做好备选方案。

通常，青少年能够对 DBT 治疗的实用性做出积极的反应。

技能模块

青少年的 DBT 技能有五个模块（Linehan, 1993b； Miller, Rathus, & Linehan, 2007 ）。如图 4–1 所示，正念是核心模块，其他四个模块——情绪调节、痛苦耐受性、人际交往有效性和中间路径都围绕这个核心发挥作用。

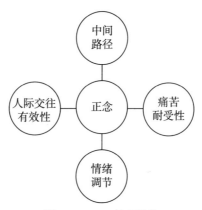

图 4–1　DBT 技巧模块

DBT 致力于以公开透明的方式帮助青少年，它展示每个模块和每项技能，阐释教授技能的原因和目的，以及能够如何在所有参与者的生活中发挥作用。技能培训的每一阶段都提供了学习新技能、练习新技能和强化先前的学习技能的时间。技能训练的最终目标是让参与者能够将这些技能融入生活，当情绪失调时，他们就可以有目的地、以一种有效的方式使用这些技能（Linehan, 1993a, 1993b）。

DBT 技能专注于弱化危险行为和强化健康行为，如表 4–1 所示。

表 4–1 DBT 技能要弱化和强化的行为

弱化行为	强化行为
• 药物滥用和依赖	**正念技能**
• 身体和语言攻击	• 意识到自己的情绪
• 自伤	• 抑制破坏性冲动
• 自杀	• 降低情绪强度
• 饮食失调	• 提高集中注意力的能力
• 恐慌	• 当注意力分散时，提高重新专注的能力
• 逃避社交场合	• 体验一种平静感
• 情绪爆发	**痛苦耐受性**
• 家庭权力斗争	• 在不损害自我、人际关系或治疗目标的情况下克服困难
	• 提高有效缓解或分散注意力的能力，以应对困难的情况
	• 认可现实，尽量减少痛苦，尽可能解决问题
	情绪调节
	• 理解情绪的重要性
	• 了解漏洞和触发因素
	• 识别并使用情绪冲动的替代反应
	• 培养一种能增加积极情绪的生活方式
	人际交往有效性
	• 有技巧地要求得到自己想要的
	• 维持健康的关系
	• 保持自尊
	• 使用有效的社交技能

续前表

弱化行为	强化行为
	中间路径
	• 认可替代的可能性
	• 综合矛盾信息或情绪（辩证思维）
	• 承认生活经历对自己和他人的影响
	• 强化能有技巧地使用的行为

在 DBT 中，关于介绍这些技能以及教授如何使用这些技能的信息随处可见，我们在此不再赘述。下面是每个模块的简要概述。本章的末尾提供了新的技能培训工作表。

正念技能

正念技能被认为是 DBT 的核心技能（Linehan,1993a），学习每个模块之前都要教授和复习这一技能（Miller, Rathus, & Linehan, 2007）。正念技能帮助青少年培养对自我和他人的意识，使他们能够注意和描述自己的经历，并以客观冷静的方式全身心地投入其中。青少年认可了如何意识到他们的情绪在指导其行为的训练，并学会将这些情绪与理性和逻辑思维结合起来。青少年被教导要发展出一种明智的思考方式，即关注周围的一切，描述观察到的事物，百分之百地参与他们正在做的事情中。有意识的思维方式可以帮助青少年减缓他们的反应，从而减少冲动行为。这些技能以一种非评判、集中和充分参与的方式进行独立审查和实践，这种方式是十分有效的（Linehan, 1993b）。正念会让思路更清晰，当青少年学会这种思考方式时，他们就能实现更多目标。这种认识奠定了认知行为策略在其他模块中使用的基础。例如，一名青少年意识到他产生了自伤的冲动，从而能客观地审视自己，并以一种更安全的方式做出反应；或者一名青少年想要对父母大喊大叫时，首先考虑这是不是一种有效的反应，然后使用一种训练过的行为来代替。

痛苦耐受性

痛苦耐受性技能可以帮助青少年学会管理痛苦的情绪，而不会诉诸不安全的行为使情况恶化，从而导致羞愧或内疚。这个模块包含两种不同的技能：一种是通过分散注意力来帮助青少年巧妙地渡过困难的处境；另一种是帮助青少年接受他们可能无法改变的痛苦现实，从而使他们能够专注于解决问题（Linehan, 1993b）。

克服当下的技巧

克服当下的技巧，通常被称为"应对技巧"，它可以为青少年提供一些方法，目的是转移他们对痛苦情绪的注意力，或使自己平静下来，直到他们能够安全有效地处理这些情绪。当青少年被情绪压倒时，他们会有意识地使用这种方法，而不是逃避或拖延。青少年的注意力会短暂地从困难的情境中移开，这样他们就能让自己冷静下来，想出安全的方法来解决或度过这一时刻。

在治疗师看来，这些技能可能是违反青少年的直觉的，会干扰他们吐露心声，至少暂时会。然而，考虑到高危青少年的潜在危害，学习这些技能却是非常必要的，这可以帮助他们渡过非常困难的情况，否则可能导致他们采取以重大方式改变其生活的行为（自伤、吸毒、犯罪活动、导致打架或逮捕的爆发性事件等）。一旦减少高危行为，青少年学会了如何安全地控制情绪和冲动，他们自然就会在治疗过程中坦诚面对自我。

青少年经常会说危险行为能让他们感觉更好，这种说法是相当准确的。DBT 治疗师需要明白，青少年实际上已经找到了在当下控制他们痛苦的方法。辩证法（Linehan,1993b）使青少年和治疗师理解每个目标行为都可能具有积极的短期影响和消极的长期影响。DBT 治疗师和技能培训师更需要帮助青少年理解其行为的消极的长期影响，以便他们可以选择以更安全的行为代替之前的不安全行为。

我们鼓励青少年在危机发生之前准备一套"技能工具箱"，里面包含了各种可以针对当下情绪强度使用的技能。青春期的孩子可以在情绪轻微失调的时候看书、玩拼图、玩电子游戏；但当程度加重时，他们可能需要做一些更积极的事情，比如运动。良好的自我认知能让青少年知道自己什么时候的情绪状态是不正常的，这样他们就能使用技能，让自己感觉更好。青少年给治疗师打咨询电话，也将被鼓励使用那些在过去被证明有用的技能。

接受生活在当下的技能

接受生活在当下的技能是建立在这样一种观念之上的：当个体不接受现实情况时，就会产生痛苦和加深痛苦（Linehan, 1993b）。一开始看起来违反直觉的东西变得显而易见，解决问题后反而变得更有可能被接受。对于那些觉得自己遭受了"不好的待遇"、命运对自己不公、觉得生活应该有另一副模样的青少年来说，坦然接受现实是一项艰巨的任务。他们可能觉得，如果对抗现实，就有可能改变；或者如果否定现实，就能感觉更好，但事实却恰恰相反。这些技能帮助青少年学习如何接受当下生活的现实，并认识到"接受"并不意味着"放弃"或"喜欢"；相反，它使他们能够更有效地解决问题。

"接受现实"是一个有效的过程，而且不是轻易就能做到的，这似乎也让人感到困惑。事实上，这个模块中的技能可以教给青少年如何做以下几件事：

- 培养对自己和周围环境的意识；
- 放松身体，这样他们会觉得更容易被接受；
- 以不同的方式看待事物；
- 愿意接受痛苦的现实（Linehan, 1993b）。

技能小组让参与者练习接受和忍受痛苦的技能。青少年经常对正念活动、小组结构、时间安排等问题表达不满，当出现这些情况时，让他们多加练习，使他们有机会使用和改进技能。

情绪调节的技能

DBT 假设情绪失调是导致青少年接受治疗的问题行为的潜在原因。情绪调节模块是 DBT 的核心，因为它帮助青少年理解驱动他们诸多行为的情绪，并提供安全管理情绪和减轻情绪痛苦的技能。青少年将从管理情绪中受益：

- 什么是情绪？
- 情绪从何而来，是原发情绪还是继发情绪，以及为什么会有这些情绪？
- 如何识别和命名情绪？
- 如何管理冲动的情绪？
- 如何减少情绪失调的敏感性？
- 如何减少痛苦的情绪？

原发情绪和继发情绪

青少年会被教导，原发情绪是与生俱来的，能够自动引发感觉，而继发情绪是由个体学会思考自己感受的方式引起的。原发情绪是对一种情况或事件的第一或最初的反应：

- 它们以一种几乎自动的方式发生；
- 它们会在你的身体中产生生理上的感觉——有时甚至在

你能表达这种情绪之前；

- 它们有一个目的——让你做好行动的准备，提醒你可能正在发生需要回应的事情（例如，如果你感到受到威胁，恐惧会导致你逃跑或攻击）。

原发情绪包括愤怒、恐惧、快乐、爱、厌恶、悲伤、喜悦、兴趣、惊讶和内疚等感觉。

继发情绪是对情绪的反应，即对感觉的感觉。它们基于个体对从生活经验中学到的基本情感的想法和信念（例如，"人们不应该害怕"）而产生。它们持续的时间更长，也更受你的思想控制。继发情绪可能包括对害怕感到羞耻、对生气感到内疚、对快乐感到内疚（认为自己不配快乐），或对抑郁感到沮丧。

情感故事

情感故事是一种认知行为框架，用来解释情绪是如何发展和表达的。情感故事让青少年明白他们不必受情绪的支配，他们可以改变自己的感觉和行为。把这种情绪分解成几个步骤，青少年会学到以下内容：

- 如果他已经感觉到脆弱，他就可以保护自己远离困境；
- 他能够找到不会导致负面情绪的替代事件；
- 他能有效地控制和缓解身体不适的感觉（心跳加速、胸闷、胃痉挛）；

- 他能够摒弃冲动，以安全的方式对情绪做出反应。

情感故事可能引发另一个情感故事：一个情感故事结尾的"结果"或行为可能是另一个情感故事的触发事件。情感故事也可以用来引导青少年进行链分析（见第 3 章），因为它同样包含了链中使用的信息。为了改变个人和家庭的行为，对于青少年和其他与他们交往的人来说，理解自己的弱点、诱因、解释和行为选择是非常重要的。

避免受负面情绪影响

某些特定因素容易引发负面情绪，并影响青少年对事件的反应和反应方式（Linehan, 1993a）。饥饿、疲劳、荷尔蒙周期、考试等重大事件（即使是一个快乐的事件）都会让青少年感到压力、焦虑和紧张，导致在正常情况下不会产生的某些消极反应。

这些技能通过鼓励青少年参加他们喜欢和觉得有能力做的活动，教授他们基本的、健康的生活方式。健康的生活方式可以帮助青少年拥有更强壮的体魄，有助于他们更有效地管理自己的情绪（Linehan, 1993b）。本章末尾的"情绪调节练习：健康的生活方式"工作表由青少年每天填写，以跟进了解这些技能的使用情况。

反向操作的技能

情绪有内在的、与生俱来的行为冲动。例如，对恐惧的冲动是逃避，对悲伤的冲动是退缩，青少年常常觉得必须根据自己的冲动对情绪做出反应。反向操作的技能（Linehan,1993b）帮助青少年认识到，他们可以努力以相反的方式回应他们的情绪和行为冲动。如果一名青少年敢于面对自己的恐惧，那么当他感到悲伤时，就会愿意花时间和朋友或家人在一起，做一些与情绪要求相反的事情，他会发现自己最初的情绪的强度会逐渐减弱，让他感觉更好了。这样，青少年便会知道，即便环境和事物本身并没有发生改变，但他们也可以改变对情况的反应。

人际交往有效性

通常，处于紧张情绪状态下的青少年很难自如地与人交往。他们常常被情绪所困扰，无法领会其他青少年通过人际交往而学到的技巧或教训。他们拼命地想在牺牲自身需求的同时维持住一段关系；或者相反，他们还可能过于关注自己的需求，而没有意识到其他人的需求。在人际交往有效性模块中，青少年被教导如何合理满足自己和他人的需求，但在必要的时候学会说"不"，管理好人际关系，并维护好自尊。情绪失调的青少年需要学会做以下几件事：

- 平衡自己和他人的需求；
- 认真对待或拒绝他人的请求；
- 礼貌地回应他人；
- 在回应他人的同时，维护好自尊。

有技巧地满足需求

那些希望别人倾听自己的意见、认真对待自己的要求、在说"不"时能获得尊重的青少年，需要学习自信技能来满足这些需求。关于人际交往有效性的技能可以帮助青少年关注以下行为：

- 解释驱使他们提出要求的情况；
- 明确而直接地说他们想要什么，清楚地说明他们不想要什么；
- 专注于正在提出的请求，而不被其他问题分心；
- 自信地提出要求或设限；
- 愿意谈判；
- 认识到无论他们多么擅长，环境都无法总能满足他们的需要（Linehan, 1993b）。

维护人际关系和自尊

对于在尊重他人的需求方面有困难的青少年，需要学习对他人敏感，并在做决定时考虑到自身需求的技能。而对于那些把同伴或家庭的需求放在自己之上，或觉得自己的需求不如别人需求重要的青少年，将学习如何以及何时优先考虑自己的需求。需要引导青少年倾听他人、认可他人，并在与他人互动时保持客观冷静，坚持自己的价值观，诚实待人，不轻易道歉，以便在人际关系中维护自己的自尊（Linehan, 1993b）。

同样重要的是，要帮助青少年理解，如果他们变得愤怒或产生怨怼，可能是因为他们帮助别人过火了，而把自己的需要放在一边。这也是本模块的目标——搭建平衡的人际关系。

由于人际交往有效性技能建立在同伴互动的基础上，因此需要在技能小组中进行大量的练习。青少年可以学习如何在技能小组中有技巧地提出要求，例如，如果一名青少年有效地使用他的技能要求吃零食，是很容易得到零食的。鼓励青少年使用这些技能向组长提出要求，并解决在小组里发生的困难。组长可以帮助比较内向的青少年在小组中坚持他们的需求，同时鼓励强势的青少年学会倾听他人，组长还可以通过自己的行为来模拟这些技能的使用。

中间路径

这个模块中的技能最初是由米勒、拉瑟斯、莱恩汉（2007）专门针对青少年及其家长提出的。中间路径模块引导家庭成员在对立的观点中寻求统一，找到一种新的方式来综合他们不同的观点。在这个模块中，青少年会学习以下技能：

- 辩证地思考，减少非此即彼、非黑即白的绝对化思维，以接受矛盾和不同的观点；

- 认可自己，将他们可能已经内化的无效环境的影响降至最低；

- 认可他人，形成更加互惠的关系；
- 理解基本的行为准则，这样他们就可以加强自己为改变而做出的积极努力，同时将可能惩罚自己的方式最少化；
- 运用行为准则来更有技巧地影响他人的行为。

青少年开始平衡他们各种各样的期望、反应和希望——对自己的期望、对限制和期望的反应、对独立的渴望——以及仍然想要被他人照顾的愿望。对于那些情绪失调的青少年来说，许多这些发展中的规范性问题甚至更难解决。在某些时候情绪可能迫使他们做一件事，而在另一些时候则相反；他们可能觉得自己在某些情况下完全有能力，而在另一些情况下完全没有能力。这个模块中的技能可以帮助青少年更有效地走向独立。

本章的末尾提供了几个练习，供你在技能训练中与青少年一起使用。讲义和家庭作业能够鼓励青少年练习他们正在学习的技能，并且得以自如地在生活中应用。不断练习技能的重要性，再怎么强调也不为过。青少年反映，在第一次学习时可能会感到迷惑，但是随着在生活中不断地反复实践，这些技能对他们的帮助越来越大。这些技能是促使高危青少年重获新生的重要手段。

技能培训小组

技能培训通常是由治疗师开发和实施的第一个 DBT 模式。当治疗师开始学习更多关于 DBT 的知识时，创建技能培训小组是一个发展技能的极好方式。

小组模式的优势

小组模式是教授青少年新技能的一种有效方式，它使治疗师能够将技能高效传授给更多的青少年。一旦掌握了技巧，治疗师就会发现他们可以利用自己的优势和创造力来教授这些技能。技能小组有以下几个好处：

- 创建一个可以教授、讨论、分析和实践技能的环境；
- 提供现成的同伴来扮演角色、模仿、观察、解决冲突，并实践技能；
- 使同伴群体能够加强技能的重要性，分享他们发现的使技能发挥作用的方式，为新成员提供支持，并让彼此对学习和使用技能负责；
- 尊重参与其中的青少年。

小组规则

治疗师负责制定技能小组的规则和指导方针，明确阐明他们期望小组的各方参与者在小组中的表现。以下是米勒、拉瑟斯、莱恩汉（2007）制定的一些适用于技能小组的规则：

- 参与者必须以合作的态度，与 DBT 培训师协同工作；
- 不允许在小组中讨论与技能无关的问题；
- 参与者需要有学习技能的意愿和能力；
- 在小组活动中，参与者不得发生自伤行为；
- 在小组讨论中，参与者不得分享自伤的故事，除非这些故事与讨论的技能关系较大；
- 在小组中不得使用侮辱性或威胁性的语言；
- 参与者不得在小组外讨论机密材料。

技能小组的指导方针是尽量减少讲述关于自伤、自杀或危险行为的故事，因为听了这些故事可能会加剧每个人的情绪变化，容易引发其他参与者的自伤行为，干扰学习进度。参与者需要准备一个活页夹，不断完善讲义和家庭作业。

注重技能

技能培训小组不是注重个人问题解决过程的小组，他们以课程为基础，注重传授技能，而不是谈论上周发生的事件或青少年当时的感受。培训师不断鼓励参与者只讨论与该特定小组所涉及的技能有关的问题，因为把时间花在无关的问题上，只会干扰教授特定技能的目标。谈论与技能无关的个人问题或担忧，通常会被视为对治疗的干扰行为，尽管培训师可能会酌情允许进行一些讨论，然后将讨论与所教授的技能联系起来。技能小组需要协同工作，这样一来，一名组长可以专注于传授技能，另一名组长则可以在必要时处理任何破坏性或危机行为。

参加小组的标准

不同治疗师的入组标准不同，他们在评估青少年是否能从群体经验中获益时，可考虑以下因素：

- 青少年有因情绪失调引起的不安全或危险的行为；
- 虽然有精神疾病的症状，但不会对学习造成明显干扰；
- 青少年有遵循课程和完成家庭作业的认知能力；
- 能够获得参与并愿意遵守小组指导方针的承诺；
- 有一名充分认识学习新技能的重要性的个体治疗师与青少年一起工作，他愿意帮助和支持青少年完成家庭作业，并将在小组中学到的技能应用到实际生活之中。

为初中、高中和大学阶段的青少年分别设立小组可能是有用的。因为虽然教授的技能相同，但由于处于每个发展阶段的青少年的敏感性和经历不同，提出的例子和问题也要有所不同。

小组培训师

DBT 技能小组的培训师应当能够熟练运用技能，并且掌握丰富的技能应用经验。当培训师能够证明这些技能对青少年确有帮助时，DBT 的有效性就会增强。而当青少年了解这些技能将如何使生活变得更加美好，习得有用的技能以后，他们就能从学习这些技能中受益，内心将受到鼓舞。

加强 DBT 个体治疗师和技能培训师的团结协作

在 DBT 技能小组培训中，个体治疗师负责协助青少年的治疗。如果青少年在承诺方面出现了问题，比如没有完成家庭作业，或他的行为干扰了团队教学，个体治疗师将跟踪这些问题。

如果青少年与他的个体治疗师之间发生了矛盾，技能培训师会鼓励青少年利用在小组中学习的技能直接与之进行讨论商谈。同样，如果青少年与技能培训师之间产生了问题，个体治疗师也会鼓励青少年使用技能直接与之解决问题。如果青少年不能独立解决，治疗师可能需要直接参与，尽可能让青少年掌握技能。

当个体治疗师兼有技能培训师的身份时

莱恩汉（1993b）讨论了个体治疗师兼有技能培训师的双重身份时存在的潜在风险。她指出，有时青少年很难意识到小组不是讨论个人困难的地方，而当青少年的个体治疗师还是他的技能培训师时就更难了。此外，青少年可能还会发现，很难与其他青少年共享同一位治疗师。

尽管有这些顾虑，但通常个体治疗师就是技能培训师。这要求参与者要很好地适应小组的规则，个体治疗师和技能培训师要明白自己的极限，以及关于什么可以讨论和将要在小组中讨论什么的指导原则。

组织技能培训小组

技能小组将通过五个模块来传授技能（Miller, Rathus, & Linehan, 2007），小组的课程结构是教授、复习和实践。每个模块的授课周数会有所不同，一些青少年项目可能要花费四个月、六个月或一年的时间。每位 DBT 治疗师都需要建立一个技能培训小组，确定对青少年可行的服务时间范围，持续评估计划的有效性，并在必要时做出调整。

DBT 技能教学模式（Linehan, 1993b; Miller, Rathus, & Linehan, 2007）为每个技能模块留出几周学习时间，并且在每个模块之间留出一到两周的过渡时间。使用这种模式，大约需要六个月的时间才能接触到所有的技能。在困难时期，青少年可能需要大约一年的时间才能有效地应用这些技能。表 4–2 是一个技能小组的教学时间安排。

表 4–2 技能小组课程表

模块	时间节点 （第几周）	技能
正念	1	生物社会学的理论 明智地思考 DBT 假设 如何培养正念意识

续前表

模块	时间节点 （第几周）	技能
痛苦耐受性	2 ~ 6	简介 克服当下： • 利弊 • 分散注意力和自我安慰 接受： • 意识练习 • 接受现实 • 意愿
正念	7	生物社会学的理论 明智地思考 DBT 假设 如何培养正念意识
情绪调节	8 ~ 12	简介 情感故事 情绪理论： • 情感故事 • 情绪的功能 反向操作 减少敏感性： • 做让自己愉快的事 • 珍惜当下 • 做让你觉得自己有力量的事情 • 建立健康的生活理念 当前情绪的正念
正念	13	生物社会学的理论 明智地思考 DBT 假设 如何培养正念意识

续前表

模块	时间节点 （第几周）	技能
人际交往有效性	14～18	简介 平衡优先级和需求 目标 人际关系故事 啦啦队：支持和鼓励青少年努力运用人际交往的技巧 评估和使用有效的强度水平 巧妙地提要求，巧妙地说不 专注于维持关系 专注于建立和维护自尊
正念	19	生物社会学的理论 明智地思考 DBT 假设 如何培养正念意识
为青少年和父母寻找中间路径	20～24	简介 辩证法与辩证困境 青少年的典型特征 认可和自我认可 行为主义

这个小组是开放式的：一些 DBT 治疗师选择只让新成员在新模块开始阶段加入；另一些则允许在各个阶段不断吸收新成员。技能小组解决的核心问题是情绪失调，在这方面小组的表现是同质的，但实际症状是异质的。

技能小组的治疗技巧

在开展青少年技能小组的工作时，可考虑使用以下技巧：

- 请一名小组成员准备并带头做正念练习，这样可以提高创造力和对正念活动的认同感；
- 请以前接触过某项技能的小组成员将该技能传授给其他成员，教学的同时也能促进学习；
- 当有小组成员报告技能没有效果时，请其他成员提出解决问题的建议；
- 通过击掌、鼓掌或其他方式来认可有效使用技能的小组成员；
- 建立激励机制，通过给完成家庭作业或其他目标行为的人奖励分数，并用分数换取礼品卡或能提供情绪价值的礼品（干花、蜡烛、拼图等）；
- 要求扰乱了小组秩序的成员修复原有的关系（Linehan, 1993a）；
- 要求新成员给自己写信，由治疗师保管，并在他们从小组毕业时读出来；
- 创建毕业日志，让即将毕业的成员可以给新成员写一封鼓励的信；
- 举办一场毕业典礼，大家一起分享对即将毕业的成员们取得技能培训成果的祝福，从而达到既强化目标行为，又给新成员灌输希望的目的；
- 技能培训师要具备共情能力，以真诚的态度对待技能小组的青少年，大家一同欢笑一同悲伤；
- 在休息期间提供零食和饮料；

- 考虑请那些已经掌握技能的成员向其他成员展示和加强技能，燃起他们的希望。

优先目标

就像个体治疗使用优先目标来指导个体治疗师的工作一样，技能培训小组也有优先目标，这些优先目标决定了培训师对成员行为做出反应的顺序。以下是技能培训小组的优先目标：

- 破坏治疗的行为，对小组的发展构成严重威胁；
- 学习、练习和推广技能；
- 干扰治疗的行为，影响治疗的效用。

破坏治疗的行为。破坏治疗的行为（Linehan, 1993a）是指来访者的任何影响技能小组传授学习技能的行为，包括：

- 暴力行为（投掷物体、捶墙、殴打或口头攻击其他来访者）；
- 自伤行为（割伤自己、打自己）；
- 自杀危机行为（威胁自杀，然后愤然离开会议）；
- 任何使他人无法集中注意力或听不见的行为（打电话、歇斯底里地哭泣，或经常不按顺序乱说）。

当一种影响治疗的行为发生时，如果培训师无法控制这种行为的发展，技能培训小组的总培训师就会停止小组活动，向参与者明确表示不能继续该行为，并可以使用以下干预措施来应对：

- 尝试对行为进行链分析；
- 通过关注和奖励来加强他人的合作行为；
- 设置明确的小组限制条件。

如果"破坏者"没有反应，那么可采用以下干预措施：

- 在培训期间，一名小组负责人可以私下与捣乱的成员沟通交流；
- 在休息期间，培训师私下与捣乱的成员沟通交流。

如果"破坏者"没有反应，而且不停止之前的破坏行为，那么可以使用以下干预措施：

- 单独谈话，回顾小组的目标和期望，并根据谈话情况决定是否可以让"破坏者"返回小组；
- 在小组中树立明确的目标，并鼓励有效的行为；
- 将该成员的行为反馈给个体治疗师，进行进一步的评估和改变；
- 如有必要，"暂停"该小组成员的参与，直到问题在个体治疗中得到有效解决；
- 与小组协商，根据对该成员情况的了解，考虑针对这种行为的其他选择。

学习、练习和推广技能。培训师向小组成员提供本周将要教授的技能相关的讲义。培训师需要确保技能的可操作性，并且有时间讨论它与参与者的相关性。参与者还将有机会在小组中以角色扮演或其他方式练习技能，同时讨论这些技能是如何对他们产生帮助的。

干扰治疗的行为。 有些青少年可能缺乏参与的意愿，或者在学习时注意力不够集中。但是，只要这些青少年的行为不干扰其他参与者的学习，培训师就可以忽略他们的行为，以不干扰学习的微妙方式回应，或许还可能激发出更有效的行为。

小组培训的流程

每个小组的技能培训都以正念练习开始，然后是复习家庭作业、教授新技能和练习新技能。对于小组成员来说，保持统一的培训流程是很重要的，因为他们需要知道将会发生什么，并且了解其中每个步骤的目的和作用。

正念练习

DBT 治疗中的正念练习引导参与者关注当下，当他们分心时再重新集中注意力。在每个小组或个人技能培训课程开始的时候，它为青少年提供了一个摆脱干扰、集中精力学习新技能的契机，它也强调了这项技能的内在重要性和持续练习的重要性。

不要把正念和放松混淆，尽管它们都能给你带来内心的平静感。事实上，保持专注是需要努力的。正念练习的治疗目标是让你可以控制你的注意力，培养对当下所处环境的敏感性，这样你就不会受不愉快的想法和情绪的支配（Kabat-Zinn, 2012）。也就是说，正念练习是为了让参与者集中注意力，从而加强技能学习。

加强正念练习

正念练习以铃声作为开始和结束的标志。在铃声响起时，参与者会以此为信号，开始集中注意力。

呼吸通常是正念练习的重点，参与者会慢慢学习如何意识到自己的呼吸、身体的感觉，以及不断在脑海中涌动的思想。当参与者走神的时候，他们可能会被赋予具有提醒意义的文字、数字或感觉，以重新集中注意力练习。在正念练习中，参与者还会被提醒对自己、他人、练习本身都不做评判。

每一次正念练习都是通过培训师给出的一套指令来进行的。指令主要围绕以下几点：

- 给参与者一个练习的理由，让小组集中在练习的技能上；
- 提供如何进行练习的具体指导；
- 预测参与者可能会遇到的障碍和问题，以及处理这些问题的方法，比如让青少年在练习时把眼睛睁开。

以下是给青少年的一组指令示例："我们都面临的困难之一是有时会被一种情况或情绪'困住'，可能是某件事或某个人让我们失望了，让我们产生了焦虑，导致我们无法继续前进，这时集中精力可能是很难的。今天，我们要进行正念练习，学会释放情绪。首先，找一个你觉得舒服的姿势，你的身体越放松，练习就越有效。开始练习之后，当你吸气时，你要对自己说，'用心呼吸'。当你呼气的时候，你要对自己说，'放开＿＿＿＿吧'，填进你想要放开的情境或情绪。如果你想不出具体的情况，就简单地说'放开吧'。如果你走神了，就轻轻地用'正念呼吸，去吧'这句话把你的思想拉回来。如果你产生了评判性想法，那就简单地注意它们，然后忽视，再把注意力转移到呼吸上。我们将响起开始的铃声，本次练习三分钟。"

正念练习

为了了解正念是如何起作用的，以及它的好处，试一下下面列出的练习。

1. 找一个自己最舒服的姿势。

2. 选择一种让自己感觉舒服的呼吸方式。

3. 设置 3 分钟的计时。

4. 一个呼吸包含一次吸气和一次呼气。

5. 数 5 个呼吸。从 1 开始，数你接下来的 5 次呼吸。然后，继续数呼吸，从 1 到 5，直到计时器响起。

6. 如果你走神了，就回想一下呼吸的次数。

7. 如果你产生了评判性的想法，注意它们，再忽视

它们，不要对想要评判的事妄加判断。

8.如果你忘记数到哪儿了，就简单地回到数字1，不加判断地重新开始。

当你完成练习后，专注于你的感觉，以及你是否能够"让你的思想回来"并保持专注。你可以与小组成员分享你的经验和所学到的知识。

青少年经常能对积极的正念练习做出最有效的反应，正念给青少年提供了做如下这些事情的机会：

- 专注于当下；
- 意识到使自己分心的想法，并能重新集中于练习；
- 放弃评判；
- 了解正念练习如何能帮助自己变得更专注、更好地活在当下。

青少年积极的正念练习

练习方法如下。

1.把你的注意力集中在一件事上（请看下面的例子）。

2.当你走神或开始评判时，注意它。

3.让你的注意力重新集中到一件事上。

例子：

- 给曼陀罗或涂色书涂色；

- 折纸；

- 慢慢嚼口香糖；

- 在房间里找一个物体，盯一分钟，然后用一分钟的时间默念它；

- 用丝线或彩带制作手镯；

- 让参与者戴上眼罩，然后让每个人随着音乐跳舞；

- 做瑜伽；

- 扔一个球；

- 吹泡泡。

在每次正念练习结束时，每位参与者都要反馈。这在如下很多方面都有帮助：

- 当每个青少年表达什么对他的同龄人起作用、什么不起作用时，这有助于加强他的责任感；

- 它为参与者提供了一个接纳彼此的机会，因为正念练习可能对一位参与者有效，而对另一位参与者无效；

- 它为培训师提供了在特定情况下哪种正念练习更有效的信息；

- 它允许开发更有效的指令。

练习作业和复习任务

每组培训结束时，会布置一个练习作业（或"家庭作业"，这是许多青少年厌恶的词语）。我们的目标是让青少年在自然状态中练习和掌握这些技能，这样他们就能在情绪失调时更好地应用这些技能。这些作业，其中一些在本章的末尾展示，这为青少年提供了在家里练习技能的机会。

如果在个体化课程中教授了技能，那么布置的作业也应该是有针对性的专题作业，所有的作业都应该在下次练习时复习。

在正念练习之后，技能培训小组有必要进行如下有效的回顾：

- 每位参与者的复习回顾都能够有效地保证练习的完成度；
- 它为培训师提供了确保技能被理解和有效练习的机会；
- 既能回应每位参与者表达的具体关注和问题，又能帮助他们复习前一周的技能。

许多青少年报告说，他们从家庭作业和复习中学到的比从最初的技能指导中学到的更多。

复习是为了强化学习效果。小组总培训师必须将复习构建到小组练习的结构中，并要求每位参与者在小组成员面前分享他的练习。没有这种后续跟踪，技能培训小组的练习就不会有效，练习也不算真正意义上的完成。而且，如果青少年在掌握某一特定技能上有困难，也可以由个体治疗师更深入地检查作业完成情况。

课后练习和应急管理

小组内部制定的规章制度可能不足以确保一些青少年完成课后练习。培训师可以在练习室张贴记录了参与者的课后练习完成情况的图表，并对完成程度高的参与者加以表扬，便于对个别参与者跟踪服务，从而确保完成课后练习。如果这些策略仍然不能帮助青少年完成他们的学习任务，那么这将被视为一种干预治疗的行为，可能需要进一步与个体治疗师合作。

教授和练习新技能

培训师与参与者形成了师生关系，他们创造了一个有效的教学环境，这个环境确保每个技能小组都能教授、理解和练习技能。培训师在小组里举实例、做练习，旨在促进小组参与者之间的讨论，参与者可以表达自己在学习技能时的想法和感受，从而在掌握和应用技能时更加自如。培训师认识到并接受并非每项技能在使用时都能对所有参与者有效，有些技能甚至对一些特殊的青少年根本无效。

以下是一些教学技巧：

- 用热情、承诺和榜样来引导参与者；
- 在学习过程中，指出青少年什么时候可以灵活地思考或使用技能；

- 使用他人的例子来强化技能；

- 通过鼓励参与者在小组中互相使用这些技能，并让他们在使用这些技能后发表评论，提高他们的痛苦耐受性，强化他们的人际交往有效性；

- 注意并评论小组成员辩证思考和认可的实例；

- 让培训师注意在小组中模仿使用技能，特别是行为偶发和人际交往有效性，指出行为背后的原理；

- 使用黑板或活动挂图来教授技能示例，并回顾小组成员给出的示例。

每日日志

由于各种原因，培训师需要在技能小组培训期间查看每日日志，以便快速了解以下情况：

- 检查是否有自伤或自杀的冲动（培训师将在休息期间或培训结束时进行评估，以确保参与者的安全）；

- 快速评估小组参与者的情绪；

- 对于没有 DBT 个体治疗师监督下的参与者，也要确保他们对每日日志的使用情况；

- 看看哪些技能是在小组之外练习的；

- 了解在小组之外没有练习哪些技能，以便解决问题和进行鼓励；

- 通过提升参与者的兴趣，来加强每日日志的完成情况。

培训师每日都要关注技能小组在每日日志中填写的技能使用部分，保持对其有效性的关注。如果有参与者不使用每日日志或练习 DBT，那么重要的是引导他们形成对使用每日日志的自我意识，以强化技能的使用。

个体技能培训

有时，治疗师可能无法组织一个技能小组，或是青少年没有准备好或不愿意参加小组。在这些情况下，DBT 治疗师可能会选择在单独会面时教授技能，或者请另一名治疗师单独提供技能培训。每周青少年与治疗师的第一次见面，可学习和实践技能小组课程，每周的第二次见面可进行个体化 DBT 治疗（如第 3 章所讨论的）。我们的经验是，这两种模式（个体化治疗和技能培训）需要分开，这样才能以必要的说教方式有效地教授技能，并尽量减少对这两者目标的混淆。治疗师要保证技能培训课程的重点和结构，因为青少年会理所当然地试图将注意力从技能学习转移到当前的问题上，因为他们正在寻求从痛苦中立即得到解脱的方法。

毕业生小组

参与者准备从技能培训课程毕业，可以选择参加一个毕业生小组（Miller, Rathus, & Linehan, 2007），他需要达到如下所有目标：

- 完成一个或更多的技能培训周期；

- 至少 60 天没有自伤或自杀倾向；

- 使用技能控制行为，不出现干扰任何治疗或严重影响生活质量的行为；

- 能够教授一些技能，（如果需要的话，在帮助下）主导正念练习。

毕业生小组让青少年持续练习技能，以便他们可以不断把这些技能应用到生活的方方面面。另一个好处是来自同伴的压力，要求他们保持安全和行为控制，否则的话，可能会让他重新退回到下一个新毕业生小组。这些小组有助于防止青少年感到孤独和耻辱，并使他们能够在一个持续支持和认可的环境中练习技能。毕业生群体的独特特征（Miller, Rathus, & Linehan, 2007）包括：

- 通常被要求主导正念练习；

- 不需要使用每日日志，就可以记住一周的经验和技能使用情况；

- 小组的重点是减少那些影响参与者生活质量的行为；

- 成员将选择并经常教授所讨论的技能；

- 毕业生群体拥有更多的机会来讨论个人问题，以及在面对参与者经历过的不同情况时，技能是如何发挥作用的；

- 培训师可能不会发挥主导作用，而是让成员互相帮助解决问题和困难；

- 小组成员不需要参与个体治疗；
- 培训师可能成为不再接受个体化治疗的参与者的教练。

毕业生小组是向青少年不断提供支持的重要方式，也是致力于练习安全行为和技巧行为的同龄人小组。这些小组强化了那些努力将技能融入生活并减轻行为失调的青少年。加入这些小组是青少年的目标，也为他们提供了继续获得支持和认可的途径，帮助他们做出改变。

总结

DBT 技能培训是一种治疗模式。在这种模式中，情绪失调的青少年学习更安全、更合适的行为，以取代之前的问题行为。技能培训（无论是在个体化治疗，还是在技能小组中）为青少年提供了学习、练习和强化这些技能的机会，以取代不太合适的行为。在本章中，我们讨论了 DBT 五个模块的各种技能，以及为青少年进行技能培训的独特方式。

在下一章中，我们将讨论几种引导父母和照顾者学习与青少年相同的 DBT 技能的模式，以便促进家庭所有成员对技能的有效使用。

表 4-3 至表 2-9 为常用工作表。

正念练习工作表

表 4-3

用正念记录这周的经历。在每个框中填写当天的示例。

	周一	周二	周三	周四	周五	周六	周日
专注：集中注意力，不要说话							
描述：用文字描述你所注意到的							
参与：全身心参与你正在做的事情							
不要妄下论断：实事求是，描述一下你所看到的							
保持专注：当你走神的时候，把思绪带回							
有效：在这种情况下做有效的事							
明智地思考：把以上所有技能结合起来使用							

表 4-4 痛苦耐受性练习工作表

巧妙地度过困难时刻

> 想一想令你感到愤怒、焦虑、羞愧或悲伤的情景。当时到底发生了什么事？
>
> _____

> 你能接受现在的情况吗？能_____不能_____
> 如果不能接受，你能分散自己的注意力或自我安慰吗？
>
> _____
>
> 你会使用哪些分散注意力或自我安慰的技巧？
>
> _____
>
> 你感觉好一些了吗？是_____否_____

> 你会使用接受技能吗？会_____不会_____
> 如果会，你会使用什么技能？
>
> _____
>
> 如果不会，你还能使用什么其他的分散注意力或自我安慰的技巧呢？
>
> _____

> 你能接受这种情况吗？能_____不能_____
> 与过去相比，你如何应对当前的情况？
>
> _____
>
> 完成这张工作表后，你对自己、现在的处境和你的生活有什么感受？
>
> _____

表 4-5

情绪调节练习：健康的生活方式工作表

照顾好自己能让你感觉更好！记录这周你做的事情，帮助你调动生活中的积极情绪。

	周一	周二	周三	周四	周五	周六	周日
你练习了吗？练得怎么样							
你吃处方药吗							
你的睡眠情况怎么样							
你身体不舒服吗？你治疗了吗							
你是如何为情绪失调的状况做准备的							
给你一天的情绪状态打分（0~10分）							

你发现什么规律了吗？参加健康有益的活动能改善你的情绪吗？

表 4-6 反向操作练习工作表

当你的情绪控制你的行为时

情绪
_____

行动的冲动
_____

你冲动行事了吗	你的行为与你内心的冲动相反吗
• 你做了什么 _____	• 你做了什么 _____
• 你的情绪强度是增加了、减少了还是保持不变 _____	• 你的情绪强度是增加了、减少了还是保持不变 _____
• 这种行为对你实现长期目标方面有效吗 是_____否_____	• 这种行为对你实现长期目标方面有效吗 是_____否_____
• 你是否希望自己有不同的表现 是_____否_____	• 你是否希望自己有不同的表现 是_____否_____

表 4–7 　　　　　　　　　　情感故事练习工作表

脆弱因素／促成因素——在事件发生前你感觉如何？
你的睡眠充足吗？是你饿了吗？你已经有压力了吗

触发事件／触发器——什么事触发了你的感觉

对事件的想法／信念——你对发生的事情怎么想？它
触发了你的记忆或信念吗

身体的感觉或反应——你身体的感觉如何？你是否开
始心跳加速，你是否握紧拳头，你是否感到忐忑不安

描述你的情绪——你如何定义你现在的感觉

行为／行动——你是如何因为你的感觉而采取行动的？
你对自己的回答感到满意吗？如果不满意，你还有什么其
他的回应方式

表 4-8 自我认可练习工作表

我对自己说的无效声明是：

_____

_____

当我对自己说过这句话后，我对自我的看法是：

_____

_____

当我对自己说过这句话后，我感觉：

_____

我试着不带偏见地倾听和理解自己。我可以让自己知道，我在倾听、理解和接受自己，通过做出以下认可性陈述：

_____

_____

这是自我认可后我对自己的想法和感受（使用感觉词）：

_____

_____

表 4-9　　　　　　　　中间路径练习工作表

注意接受与改变的辩证法。

尽你所能做出改变，让你的生活更美好。

> 想象这样一种情况，有人希望你改变你的行为，而你希望他们接受你本来的样子
>
> （例如：你的父母告诉你要学习，你希望他们接受你不喜欢学习的事实，并在你愿意的时候去学习）
>
> ＿＿＿＿＿＿＿＿＿＿＿＿＿＿＿＿＿＿＿＿
>
> ＿＿＿＿＿＿＿＿＿＿＿＿＿＿＿＿＿＿＿＿

> 你能接受自己身上的哪些东西，从而让你改变自己的行为
>
> （例如：我现在不想学习，这是可以理解的——而且我完成它的时间有限，所以即使我不喜欢它，开始学习也是有意义的。）
>
> ＿＿＿＿＿＿＿＿＿＿＿＿＿＿＿＿＿＿＿＿
>
> ＿＿＿＿＿＿＿＿＿＿＿＿＿＿＿＿＿＿＿＿

> 当你接受自己并愿意做出改变时，你是什么感觉？
>
> ＿＿＿＿＿＿＿＿＿＿＿＿＿＿＿＿＿＿＿＿
>
> ＿＿＿＿＿＿＿＿＿＿＿＿＿＿＿＿＿＿＿＿

第5章
你的情绪反应也会影响孩子的行为

通常是父母或其他照顾者带着青少年去寻求专业的帮助。而且，当父母寻找如何帮助孩子的答案时，他们会发现自己在某种程度上也存在情绪失调。父母经常会有如下很多矛盾的情绪：

- 因被其他家人或朋友责备而生气；
- 为自己对孩子的情绪反应感到羞愧；
- 为自己可能没有做到的事情感到内疚；
- 为孩子可能无法达到他们的期望、无法过上他们所设想的美好生活而感到悲伤；
- 难以接受他们的孩子；
- 感到自己作为父母是"无能"的，尽管他们可能已经花了多年时间为孩子寻找适当的帮助；
- 因为来自不同专业人士的不同建议而感到困惑；
- 对任何改变的可能性感到无助和绝望。

当父母把青少年带到 DBT 治疗师那里时，他们往往已经饱尝多年的痛苦，尝试了多种治疗方法，其中包括寄宿治疗学校、野外拓展训练或多次住院治疗。他们还可能得到过相互矛盾的专业建议和指导，而事实证明这些建议和指导都是无效的。治疗师需要对青少年过去的经历以及他们的父母过往感受到的绝望和恐惧保持敏感度。正如一位家长所说："当你的女儿在 16 岁试图自杀以后，接下来的一切都变了。"感到无望的父母们有时把 DBT 视为"最后的一丝希望"，他们渴望 DBT 疗法能帮助他们的孩子。

当父母以 DBT 为导向时，他们需要学会接受孩子在某一时刻已经尽了最大努力（Linehan, 1993a），以此来减少焦虑和接受他们的情绪反应。他们也被引入了这样一种观念，虽然一名青少年自己可能不会明白所有的问题所在，但他是唯一一个可以解决这些问题的人（Linehan, 1993a）。父母经常被教导照顾孩子是他们的责任，他们有责任让孩子变得更好。当父母得知只有孩子本人才能改变自己的生活时，并且孩子必须选择承诺接受治疗，他们可能会感到非常痛苦。无论出于好意还是绝望，父母都需要了解自己的极限，了解他们能控制什么、不能控制什么。治疗师的认可和敏感性是非常重要的。父母体验到被认可的力量，这是治疗师和青少年的父母形成良好关系的基础。在某些情况下，治疗团队中可能会有一位专门为家长服务的治疗师——我们称之为"家长教练"。最终，引导父母对青少年的强烈情绪做出更有效的反应，这对青少年也是有益的，还可以中断家庭中不断升级的不良情绪循环。在下面有关保罗和戴安娜的示例中，我们将看到家长教练是如何与青少年的家人一起工作的，并在本章中深入了解这方面的内容。

一对家长的情感故事

保罗和戴安娜在他们 15 岁女儿的 DBT 个体治疗师的推荐下，一起来见一位家长教练。六个月前，他们的女儿因为有了自杀的想法和自伤的行为，多次住院治疗，这时她又刚刚结束一次非 DBT 的住院治疗。保罗和戴安娜表示非常愤怒和沮丧，他们不明白为什么在花了这么多钱让她"好起来"后，她再次割伤了自己，为什么她要继续这样做。他们非常生气，因为女儿和朋友出去玩，却不让他们知道她在哪里。这种行为给他们带来了极大的焦虑，直到她回家后他们爆发了，怒气冲冲地跟女儿对质。女儿会用肢体行为来威胁和回应他们（比如阻止他们离开房间，或者在房间里跟着他们，口头上谩骂他们）。女儿在社交软件上发表的言论让他们忧心忡忡，所以他们拿走了女儿的手机和电脑，她一直要求归还。保罗动摇了，想给女儿上网的机会，而戴安娜却不这么认为，因为女儿在家里不遵守任何规则，也不配合治疗。DBT 个体治疗师担心他们的女儿会因为没有手机，无法联系他进行指导。保罗和戴安娜表达了对所有接收到的自相矛盾的建议的困惑，以及当家人把女儿的问题归咎于他们时，他们的感觉是多么糟糕。在与家长教练的第一次会面中，戴安娜就开始哭泣，她表达了作为一个母亲的不称职感，以及她担心女儿会严重或致命地伤害自己或被他人伤害。保罗表达了对于他该怎么做的困惑，以及他对妻子严格执行令女儿生气的规定的不满。

父母的重要作用

虽然父母知道青少年必须对改变自己负责，但他们也了解到，在构建环境、减少被动反应和帮助减少青春期孩子的情绪化方面，他们可以发挥非常重要的作用。父母知道他们可以改变对青春期孩子行为的反应方式，这可以改变他们之间的关系、家庭的情感水平，甚至是他们的孩子。例如，父母报告说，不带孩子单独出去散步的简单行为不仅让他们感觉更好，还改善了他们与女儿的关系。

构建环境

在患有情绪失调的青少年的家庭中，父母常常受其掣肘，对孩子的高危行为做出无效回应，因为他们害怕孩子会做一些危险的事情。青少年可能会威胁父母，如果得不到他所要求的特权，或者不被允许做他想做的事情，他就会伤害自己，而且他可能会情绪失控，以此来"惩罚"父母。当父母允许他做他想做的事时，他也可能会冷静下来，表现得友善一些，从而强化了父母的这种行为。为了减少冲突爆发，父母往往变得过于宽容和温和，或者相反地，他们可能会变得过于专制，以此来维持控制。父母需要学习如何创造一个更平衡、更有利于学习安全且有技巧的行为的环境。

接受：创建一个有效的环境

根据生物社会学理论（见第 2 章），无效的环境会加剧青少年的情绪失调。当父母能够创造一个更可靠的环境时，青少年会觉得被理解和尊重，这将促使父母和青少年之间产生更多的交流、更少的情绪爆发，以及为整个家庭创建更平静、健康的环境。这种想法引起了父母的共鸣，他们明白与青少年的矛盾点往往在于"不理解"，家庭内部的良好沟通可以起到很好的治疗作用。

父母很难认可孩子的原因有很多。承认孩子的痛苦经历固然是真正认可他的必要条件，但这也会让父母觉得非常痛苦。此外，父母经常想要更多地参与解决问题，特别是如果他们在生活的其他领域有所成就，就会更加认为解决青少年的问题是他们的责任。父母还可能希望通过忽视这个问题来将痛苦降到最低。

父母可能会感到沮丧，因为他们试图提供帮助的行为，实际上却可能对孩子是无效的，也正因为无效，往往会导致青少年爆发更多的情绪。他们必须通过反复尝试才能让孩子知道，他们正在认真倾听、努力理解、认真考虑孩子的关切。以下是一些有效的反应：

- 倾听，但不发表看法；
- 将青少年的感受与他人的感受联系起来，从而使其正常化；
- 用不同的语言重复青少年说过的话；
- 关注青少年的话语背后的含义。

父母有时会犹豫是否要认可孩子，因为他们总是把"认可"和"同意"混为一谈。治疗师需要提醒父母，"认可"并不意味着"同意"，这对治疗是很有帮助的，因为真诚地认可青少年的情感是有意义的。治疗师可以通过父母的认可来为青少年的行为建模。父母很快就会意识到，被他们理解会让孩子多么开心，认可青春期的变化对孩子来说多么重要。

改变：有效地运用应急管理

治疗师需要教育和指导青少年的父母有效地利用行为偶发事件来强化适应行为，忽略或在必要时惩罚不适应和危险的行为。构建环境以更积极地回应适应性行为是 DBT 的目标之一（Linehan, 1993a）。治疗师需要帮助父母了解他们可能会间歇性地或不经意地强化危险行为，使他们认识改变反应的重要性，从而强化更适应的行为。

父母经常被青少年的高风险行为压制，以至于他们不会对适应性的行为做出反应。父母已经习惯被指责、被愤怒和轻蔑地对待，以至于即使事情进展顺利，他们也会退缩或保持距离。需要提醒父母的是，当青少年的行为正常时，一定要积极回应，当他们能意识到这一点时，这种情况将发生得更加频繁。

优先行为。帮助青少年的父母优先考虑他们将做出反应的行为是应急管理的一个重要方面。父母以 DBT 的优先目标为导向，并被鼓励使用该模型来决定关注哪些行为。按照优先顺序，父母依次要考虑的是对安全的威胁，对坚持治疗的破坏，对人际关系、学校、工作或活动有所损害的行为。尽管这对父母来说很难，但他们被要求在孩子保证安全和参与治疗之前，减少关注孩子的学校行为。在治疗团队的支持和鼓励下，父母开始认识到情绪失调对孩子青春期的影响，直到他学会更有效地管理自己的情绪和行为的技能。

对威胁做出合理的反应。对于青少年的父母来说，要创造一个不会在无意中强化危险或不适应行为的结构化环境的困难在于，他们觉得自己不能忽视青少年自我伤害的威胁，所以最终会屈服于青少年的要求。在 DBT 治疗过程中，父母需要学习如何以有效的方式应对威胁，而不是强化无效或危险的行为。父母必须找到一种方法，既认真对待青少年的威胁，又不屈服于他们的要求。家长教练的指导可以帮助青少年的父母做出最有效的决定——无论是短期的还是长期的。

减少父母的情绪反应

父母和青少年往往会变得反应过度，甚至在一般的情况下，双方在面对对方时会变得更加愤怒或沮丧。当一个青少年情绪失调时，随着不断增加的情绪强度，这种反应可能会爆发，变得极具危险性。青少年的愤怒、沮丧和失望往往是针对父母的，父母会觉得无力阻止他们所认为的"无礼"和"失控"的青少年行为。父母和青少年都做不到退一步海阔天空，难以更明智地应对。

当父母有被倾听和理解的机会时，就不太可能对青少年做出过度反应。他们也更有可能学习到更有效的技能，例如下面列出的处理困难情况的技能。

- 了解青少年的高危行为，这样他们就不会把这些行为当成是针对自己的。
- 慢下来，深呼吸，思考如何应对，并决定在这种情况下如何有效地应对——如果必要的话，"暂停"一下。
- 意识到当他们情绪化地思考时，比理智思考的状态下更容易做出过度反应。
- 将愉快的活动融入他们的生活，以缓解情绪的压力和敏感性。
- 找到自我安慰和舒缓情绪的方法，这样他们才有精力照顾青少年。
- 了解他们自己的情感故事，以及哪些想法可能会导致情绪的波动。
- 与自己的情绪反应和冲动行为相反，当他们想大叫时轻声说话，当他们非常生气时走开，等等。
- 制定有效的策略，让他感觉不那么无力。

在 DBT 的治疗环境中，父母不会被指责或评判，他们将学会淡然地看待自己的行为。在这样的环境中，父母被认为已经尽了最大努力，这使他们能够做出必要的改变。

缓解情绪失调

了解了是什么原因导致孩子变得情绪失调的父母，可能会积极采取措施来减少这种反应。一个平静而舒缓的家庭环境将有助于青少年在家庭中减少激烈的反应。父母可以在青少年面前减少自己与他人的紧张互动，并示范冷静和有效地管理紧张局势的方法。当压力无法避免时，或当压力事件发生时，帮助青少年提前计划他将如何处理这种情况，以及他需要从父母那里得到什么帮助才能有效和安全地处理这种情况，这是有助益的。这种交流同时也赋予了青少年力量。

当然，没有一个家庭环境可以一直保持平静，压力也是生活的一部分。当青少年正在学习如何有效地应对压力，情绪仍处于失调状态时，父母可以从以下几个方面提供帮助：

- 以肯定、冷静和温柔的方式回应；
- 鼓励青少年给自己的 DBT 教练打电话；
- 鼓励青少年使用自我安慰工具包；
- 为青少年提供一个平静和恢复的环境；
- 当青少年需要时，允许其从压力环境中抽离。

保罗和戴安娜必须明白，他们对孩子的反应没有责任，也无法控制她的行为。然而，他们可以尝试创造一个减少情绪反应的环境，并相信这种环境将对女儿有所帮助。这一对父母的经验告诉我们，当他们变得更冷静、更自信的时候，孩子也会变得更平和，情绪爆发的次数也会减少。

与家长合作

与青少年一起工作的治疗师很快认识到，为了促使青少年持续不断地发生变化，父母需要能够支持和有效应对青少年的策略。治疗师面临的困境是，如何既能向父母提供他们所需要的心理支持，又能与一名天生不信任成年人、尤其不愿与父母分享的青少年建立信任的治疗关系。

为家长提供服务的困难

家长经常怀抱着某些期许带青少年去治疗。他们希望治疗师能确保青少年的行为变得更安全，少一些情绪化的反应，达到治疗目标，尊重家长的底线。如果家长觉得治疗师没有采纳自己的建议，或者治疗进程缓慢，那么家长对青少年的失望很容易转移到治疗师身上。他们的恐惧和焦虑常常转化为对治疗师的要求和期望，这可能会导致治疗师过快地推动治疗进度，并且对家长的问题感到沮丧，还可能导致无法解决问题。这些行为可能会阻碍有效的治疗，需要在 DBT 治疗和咨询团队中加以解决（见第 6 章）。青少年也可能要求治疗师保密，治疗师就此陷入两难境地。

当青少年有情绪失调的问题，对父母有情绪反应和敏感，并且还没有学会如何管理自己的情感或行为强度时，家庭治疗（即所有的家庭成员或青少年与他的父母共同参与治疗）可能会非常困难。在这些情况下，父母可能会有与孩子类似的情绪反应。父母和青少年经常在会面治疗时触发对方的情绪反应，降低了治疗的有效性。家庭治疗往往也会导致治疗师情绪紧张，因为他可能会在选择立场时陷入困境，维持辩证立场的能力也会受到严峻考验。

这些困境可以通过以下一种或多种策略来解决。

- 推荐一名在 DBT 方面有经验的个体治疗师或家长教练，他们受过专门的家长合作培训，能够为青少年的父母或照顾者提供即时和战略性的反馈。
- 战略性而不是常规性地调整安排家庭会面。
- 为家长提供 DBT 技能培训。
- 让父母和青少年了解保密的原则和指导方针。

家长培训

一名家长教练——他需要接受过 DBT 培训，专注于与家长或照顾者合作，他还是 DBT 治疗团队成员的一名个体治疗师——在可能的情况下，在支持家长和帮助他们发展有效的养育技巧方面都将发挥重要的作用。家长教练将与青少年的个体治疗师协同治疗，使之能够专注于青少年的治疗，并为青少年辩护。家长教练不会受到青少年对父母表达困难的影响，反而会对父母的特殊困难更加敏感，以便让他们能够更好地被接受和认可。在家长教练的指导下，参与 DBT 治疗的家长会遇到一个理解而不是评判他们的人，由于不再感到孤独或被指责而获得极大的放松，从而更容易接受反馈并致力于改变。

家长教练还可以对家庭中的行为事件进行链分析，这样家长就可以理解自身的情绪反应，以及这些情绪反应是如何导致孩子的行为升级的。因为链分析是在一种客观冷静的环境下进行的，而且只有父母和教练在场，父母能够更好地审视自己的行为，更愿意做出必要的改变，尽可能地减少事态升级。

家长教练有如下几个目标。

- 让家长了解DBT、生物社会理论、认可的概念，练习如何明智地思考，以及接受和改变的平衡（在一些治疗实践中，个体治疗师会让父母和青少年了解这些问题，家长教练将强化已经告诉父母的内容）。
- 减少家长对青少年的过度反应。
- 当家长不在治疗的会面室时，可以提供电话、电子邮件或短信指导和支持，这样他们就可以开始将正在学习的技能应用到与孩子的互动情景中。
- 提供关于正常的青少年和情绪失调的青少年的心理辅导。
- 帮助家长学习如何实施有效的行为应对管理技能。
- 帮助家长学习更有效地沟通。
- 帮助家长为家里的每个人创造一个更有认同感的环境。
- 帮助家长专注于做有效的事情。
- 认可并支持改变。
- 当青少年对新策略的实施和家长的决定做出消极反应，

使行为升级时，要给家长提供支持。

- 帮助家长关注青少年需要做什么才能有效地实现自己的目标。

家长教练使用与青少年的治疗师相同的认可技巧来引导家长，他们的指导重点始终是帮助家长做出必要的改变，以便更有效地应对。

家长教练

与家长一起工作的个体治疗师就像是一名教练，主要关注养育问题。家长可能还会寻求其他治疗师的帮助，来解决自己的个人或婚姻问题。如果有必要，家长教练也可以为家长本人提供治疗，帮助他们了解家庭中的特殊情况，并找到解决问题的方法。家长教练需要对家长之间的差异，以及有危险行为的孩子给家长带来的压力保持敏感。在 DBT 团队中，一名个体治疗师作为家长教练负责指导家长，另一名治疗师负责引导青少年。在这种模式中，同一治疗师可能在不同的家庭中面对不同的治疗群体，即在一个家庭中面对青少年，而在另一个家庭中面对家长。因此，DBT 的团队成员可以在一个青少年家庭内分担不同的工作，合作为每个家庭提供最有效的治疗。

DBT 为青少年和家长塑造了一位"敬业的"家长教练的形象，这位教练只关注家长，不受与青少年的关系的影响，他能够提供一个非责备的、有效的环境。在这种环境中，家长教练是家长的坚实后盾，这为家长提供了额外的安全保障。当他们意识到自己备受教练关注，致力于让他们成为更好的家长时，他们如释重负。

至关重要的是，家长教练和青少年的个体治疗师会一起工作，共享信息，扮演好各自的角色。这种协调联动从整体上保证了治疗的有效性。

家长培训日程表。有些家长可以从教练的一次培训中获益；有些家长则需要每周或每两周来一次，直到他们觉得自己学到了足够的技能。无论哪种方式，只要有需要，他们都可以继续接受培训。调控家长来的频率是很重要的，但不要责备他们，或给他们冠以"病态化"的标签。然而，如果治疗师或 DBT 团队觉得家长需要额外的支持来创造一个认可性的环境，或者需要更多的帮助来有效地处理行为突发事件，那么他们可能会建议家长继续定期与家长教练合作。

许多家长在与家长教练的第一次会面结束后说，多年来他们第一次看到了希望。他们觉得历经千辛万苦，终于找到了理解自己的过往和经历的人，教练不会责备他们，还能提供更有效的解决问题的办法。在会面结束时，家长往往会有一种明显的宽慰感，即可以获得帮助并认为改变是可能的。

如果没有独立的家长教练

如果没有独立的家长教练，只有一名治疗师与家长和青少年一起工作，那么按照下面的指导方针，治疗将是最有效的。

- 保持辩证的立场，真理不是绝对的，理解每个参与者的观点也许是有效的。与其关注谁是"对的"或"错的"，倒不如关注如何综合不同的观点去做最有效的事。
- 为家长和青少年提供认可。
- 保持对所有家庭成员客观公正的态度。
- 树立青少年的信心，除非青少年对自己或他人构成了危险。
- 坚定家长的信心，努力让家长和青少年不通过治疗师或家长教练传话，而是直接进行沟通。
- 帮助家庭建立所有成员都同意的、具有强化性而非惩罚性的行为契约。

再怎么强调为所有家庭成员提供一个认可的、辩证的环境的重要性都不为过。治疗师在为青少年和家长提供最有效、最必要的治疗时，必须注意要合理表达自己的想法、信仰和感受。在下面的对话中，我们可以看到家长教练是如何进行有效认可的。

对话：认可家长们

妈　　妈：我们的女儿控制着整个家，真是一刻不得安宁。

家长教练：这是一种非常艰难的生活方式，我能想象这对你来说有多难。

妈　　妈：我们总是担心她会做一些伤害自己的事情，所以一直在监视她，我们会登录她的社交软件，查看她的微信，但是这样让我们变得更加愤怒和担心。

家长教练：我理解你在想尽一切办法确保女儿的安全。这么长时间以来，我知道你一直在竭尽所能地帮助她。我想知道监视她做每一件事，会让你感觉更好还是让你更焦虑？

妈　　妈：能知道她在做什么，我确实感觉好多了。

家长教练：重要的是，即使父母尽其所能帮助孩子保持安全，他们也要认识到力有未逮，这种矛盾对父母来说是非常痛苦的。尽管你很想帮助你的女儿，但她才是那个真正需要做出改变承诺的人。当我们帮助你一起学习一些有用的策略时，你女儿的治疗师也会帮助她做出改变的承诺，并教给她所需的安全技能。

爸　　爸：你不知道我们看过多少心理咨询师、家庭治疗师和精神病医生。我们什么方法都尝试过了，但仍一无所获，甚至都不知道该如何跟她沟通，我们只会一直担心。

家长教练：我可以想象这对你来说有多沮丧——这么长时间以来你一直努力帮助你的女儿，但是现在仍然有那么多问题没有解决。这不是任何人的错，这是情绪失调的本质，我知道其他家长也在面临类似的困难，所以不是你一个人面临这样的问题。我是来给你提供支持的，在你和女儿相处不愉快时给你提供指导。我希望随着时间的推移，我能帮助你们更好地接受自己和你们的女儿。

战略性家庭会议

如果治疗师认为家庭成员们有足够稳定的情绪来进行有效的治疗，并且不会退行到之前发生在家里的情绪反应，那么在青少年的允许下，青少年和家人之间可以定期举行家庭会议。一个家庭可能要经过好几个月的治疗才能进行这样的会议。通常，个体治疗师会与青少年一起为会议做准备，从而提升会议的有效性。如果父母有一名家长教练，他们也将努力在会议中保持冷静。以下是此类会议的一些目标，一般由青少年的个体治疗师促成。

- 帮助缓解父母的焦虑，他们需要定期了解青少年在治疗过程中发生了什么，否则可能会导致他们做出干扰青少年治疗的行为。
- 为父母提供一个机会，让他们分享具体担忧的事情，这样他们就可以制定有效的方法，以应对青少年在家里出现的问题。
- 在一个特定的问题上，帮助青少年为自己辩护，并给家庭成员们一个共同解决问题的机会。

家长技能培训小组

家长学习和练习特定的 DBT 技能的一种方式是参加 DBT 技能培训小组。这种方式的好处在于，它的结构性可以提高参与者学习所有技能的能力，并能使有类似经历的家长之间感受到彼此的友爱。对一些家长来说，这可能是他们第一次和别人谈论自己的困难和痛苦，使得他们有一种被认可的感觉，减轻了他们的孤立感。家长很快就会被普及下面这些基本理念。

- 家长能够从学习技能中受益，并在日常生活中使用它们。
- 家长愿意学习和参与培训，这向孩子传递了一个重要的信息，即他们对改变的认可和承诺。
- 家长可能无法改变青春期的孩子，但是他们可以学习如何改变对孩子的反应，这将为孩子提供改变的机会。

家长的适应技巧

家长学习的技能和他们孩子学习的技能是一样的，只不过更侧重于如何在情绪升级的情况下更有效地沟通、互动和回应孩子。在一开始，家长就被告知生物社会理论（Linehan, 1993a）和DBT假设（Linehan, 1993a; Miller, Rathus, & Linehan, 2007）是一种可以客观地理解自己和孩子的治疗方法。家长可从五个技能训练单元分别学到以下内容。

正念（Linehan, 1993a）。有意识的注意能让家长减缓他们的情绪反应，并以最有效的方式做出反应。正念技能可以帮助父母改变家庭中自动出现的障碍模式。

中间路径（Miller, Rathus, & Linehan, 2007）。这些技巧

非常重要，可以教会家长一些有效的育儿行为：

- 找到更平衡、不那么刚性的反应；
- 寻找孩子反应的有效方面，承认非常真实的情感内容，不忽视孩子的感受；
- 理解他们的反应会增加、减少或维持孩子的反应，理解有时"屈服"于孩子或偶尔不跟进，可能会导致不好的行为反复出现。

痛苦耐受性（Linehan, 1993a）。这方面的技能对于处理与青少年在一起生活的困难至关重要，因为家长通常不会愿意花费时间参与那些让他们放松或分心的活动。但是，就像乘坐飞机时，乘务员总会告诫家长先把自己的氧气面罩戴上，如果不先照顾好自己，就无法有效地照顾别人。家长通常会因为得到了"许可"而松一口气。

在这个技能模块中，还将向家长介绍如何评估自身行为的积极和消极影响。他们了解到，他们对孩子最初的反应可能会在短期内使情况有一定的改善，但长远来看弊大于利。

最后，家长们认识到要学着慢慢接受生活中总有力所不能及之处，这样反而能解决更多问题，减少更多痛苦。所以，接受"现状"成为家长减少反应和痛苦的宝贵技能，他们需要反复练习，直到他们能够真正地接受生活和青春期孩子的"现状"，而不会觉得自己"放弃"了。

对话：在技能小组中讨论接受

家长教练：让家长在当下接受生活的本来面目是一种承受痛苦的技能，所以今天我们要讨论学习接受的重要性——为了减少痛苦。这意味着它将帮助你接受孩子出现了问题，而且接受这是导致孩子生活面临困境的现实。这可能也意味着现实与你期望的孩子的生活是相悖的，或者他要通过一条更艰难的道路才能实现你期望的。

家　长　1：我不能接受我的孩子要面临很多困难和痛苦，我在她身上寄托了很多梦想和希望。

家长教练：我知道这有多难。有时候，孩子出现了情绪失调，实际上家长更加难过。为了接受孩子的现状，你可能对此感到非常悲伤，这是可以理解的。但问题是，你越是否认这一事实，越会遭受更多的痛苦。

家　长　2：我觉得如果我接受我女儿有问题的事实，就意味着我放弃了，她的生活一定会困难重重。但是，如果我放弃了，那我还怎么帮她？

家长教练：我知道这对你来说很痛苦。我想强调的是，接受你的女儿是有问题的，生活是艰难的，并不意味着你放弃了。这意味着你将释放你的情感资源，清楚地思考如何让她得到最有效的帮助，以及如何最有效地为人父母。

家　长　2：似乎还是很难接受这一切。我不想接受它。

家长教练：这确实很难。但有趣的是，以前参加过学习的家长们告诉我，当他们开始接受时，实际上事情会变得更好。这里的悖论是，你接受得越多，事情反而会改变得越多，我知道这对家长来说很难理解。我们将继续处理这个问题，在我们讨论其他技能时，它也会继续出现。我希望你们能开始明白，接受是使前进和改变成为可能的必经之路。

情绪调节（Linehan, 1993a）。家长要了解自己的弱点，以及是什么引发了他们对青少年的情绪反应，他们要学会留意青少年的情绪触发因素和敏感因素。有了这份理解，他们就能减少家中的情绪冲突，更有效地回应孩子的需求。家长还需要通过增加积极的能力培养活动，来认识到了解自己和孩子的重要性，从而减少情绪反应。最后，通过与自己的情绪和行为冲动相反的行为，学会更有效地应对自己的情绪，如表 5–1 所示。

表 5–1　　　　　　　情绪引发的行为冲动及调节方法

情绪	行为冲动	与你的行为冲动相反的行为
愤怒	身体或言语攻击 大喊大叫 惩罚青少年	走开 避免这种情况 脱离现状 善待他人 用平静柔和的语气说话
抑郁和悲伤 （因为青少年的困难）	孤立 照顾不好自己 不做自己喜欢的事情	向他人伸出援手 参与活动 照顾好自己，安慰自己 多和其他家长交流

叛逆的我，其实很脆弱

续前表

情绪	行为冲动	与你的行为冲动相反的行为
焦虑/恐惧（对青少年可能发生的事情）	禁止青少年参加活动 对青少年的所有行为都非常警惕 限制青少年的活动和自由	理智地思考对青少年最有效的方法是什么 给青少年合理活动的自由 找到一种平衡的方法来保证孩子的安全，并认可家长所能做的极限
内疚（认为孩子青春期的问题是你的错）	停止你正在做的事情 给孩子想要的东西来补偿他	不要弥补，除非你有意伤害 继续你刚才的行为 理智地思考如何有效应对

人际交往有效性（Linehan, 1993a）。这个模块可以帮助家长制定并专注于他们与青少年互动的目标，从而使他们在互动过程中效率更高，情绪反应更少。家长们也被要求在作为父母所需要做到的事情和自己优先考虑的事情之间保持平衡，实际上这种平衡会帮助他们对青春期的孩子们的行为做出较少的过度反应。

学过了这些技巧，让我们回到保罗和戴安娜——他们在之前的小故事里出现过，家长教练和技能小组将在如下方面帮助他们。

- 认可他们合理的恐惧和担忧。
- 以一种非责备的方式解释生物社会理论，让他们看到女儿已经学会了管理情绪失调的方法，并且可以在 DBT 治疗中学习更多的适应行为，从而让他们相信改变是可能的。

- 提醒他们已经尽了最大努力来照顾情绪失调的女儿，并承认努力改变自己的意愿。
- 向他们解释认可能发挥更健全的家庭功能和产生更少的情绪反应（Fruzetti，2005），并通过让他们进行练习来教他们如何认可女儿的感觉，即使她对他们很生气。
- 教他们如何减少对自己情绪的关注和对女儿可能经历事情的敏感，放慢反应速度，思考得更周全一些。
- 教授他们有效的行为技巧，这样他们可以强化女儿的适应和合作行为，同时允许她使用手机（如果有限制条件），以便她可以在必要的时候打电话给她的治疗师。
- 帮助他们找到一条妥协的道路，这样他们就能在自己的极限和期望上保持一致。
- 帮助他们看到女儿的哪些行为是青春期的典型表现，并了解如何根据 DBT 目标对问题行为做出反应。
- 将导致威胁行为的事件串联起来。当女儿的行为升级时，家长可以考虑如何以不同的方式应对，从而避免情况的恶化，而不是在无意中升级。
- 帮助他们认识到女儿在什么情况下出现了情绪失调，提醒他们此时不仅要减少对女儿的要求，还要鼓励她打电话给治疗师或使用她的技能来解决问题。
- 鼓励他们在生活中融入愉快和舒缓的活动，这样就不会那么容易受到负面情绪的影响，并有更多的情绪资源来有效地滋养女儿。

- 一遍又一遍地倾听和认可他们的担忧，提供一个让他们感到被接受和不那么孤立的地方。

家长们经常报告说，这些技能帮助他们与孩子（不仅仅是那些情绪失调的孩子）相处，也对他们生活的其他领域有所帮助。

家长技能小组：几种技能培训的方法

以小组形式为家长提供技能培训的方法有：独立技能小组、并行技能小组、家长和青少年共同参加的小组、每月家长迎新会、多家庭小组和随访小组。参加青少年项目的治疗师选择对青少年最有效的方法，并与现有的专业人员合作。独立技能小组的模式并不总是可行的，治疗师在几个项目中看到了青少年和家长协同工作的巨大好处。每名治疗师将评估每种方法在项目实践中的优缺点，以做出最有效的选择。

独立技能小组。在独立技能小组的培训中，治疗师与家长单独会面，营造出一种没有孩子在周围的轻松感。家长们在一个轻松舒适的环境中学习，这样他们会感到安全，而且他们的需求被放在了第一位。这种方法旨在提供一个平静、平和、有效的学习环境，从而使学习更有效。

实施这种方法，治疗师需要组织一个封闭的小组（即每次的参与者相同），并根据小组的规模和技能培训师的时间，进行 10 ～ 12 次会面，每次会面的时间可能持续 90 ～ 120 分钟。使用这种方法时，青少年可以自由选择是否参与 DBT 治疗，这主要是让家长能够意识到改变自己行为的好处。这个群体包括所有的父母或照顾者（如果可能的话），这样他们就可以在家中相互鼓励和支持对方使用这些技能。家长和青少年对群体的定位是相似的，他们都知道这个群体有以下几个共同的期望和特征。

- 每个成员承诺参加所有会面（并理解缺席有时可能是不可避免的）。
- 该团队遵循莱恩汉开发的模型（1993b），这意味着它是说教式的，而不是过程导向式的；它专注于学习特定的技能；它减少了对与技能无关的个人家庭问题的讨论；同时，也尽量减少讲述青少年的困难或不安全行为的故事，因为这样做会让所有家长感到紧张，并影响技能的学习。
- 鼓励成员在小组内使用无差别化的语言进行沟通。
- 主持人在小组讨论前后都有空闲时间，有紧急问题的家长可以私下与其讨论。

小组的每次会面都集中讨论特定技能（见表 5–2）；主持人确保在每次会面中讨论家庭作业，并涵盖新技能的学习培训，以避免小组成员因个人问题分散注意力。另外，主持人对无偏见的语言、认可和偶发行为进行场景模拟，同时保持小组对会面中将要学习的技能的关注。

表 5–2　　　　　　　　　　DBT 的模块与技能

模块	技能
对 DBT 的定位	假设 生物社会理论 无差别化沟通 接受与改变的辩证关系
正念	专注 描述 关注当下的一件事 不带偏见地看待青少年 做有效的事
中间路径	辩证法 认可 偶发行为和概念
痛苦耐受性	通过分散注意力和自我安慰来度过这一时刻 认识到行为选择的积极和消极影响 心甘情愿地积极接受"现状"
情绪调节	情感故事 相反的行动 健康技能
人际关系的有效性	制定平衡的生活方式和生活承诺 有技巧地满足需求 有技巧地维护人际关系 有技巧地维持自尊
总结	模块的评论 回顾认可 毕业典礼

　　家长技能培训小组的流程与青少年技能培训小组相似，依照如下培训模式：

- 正念练习，目标是让每个参与者找到适合自己的正念方法；
- 回顾上周整理的资料，以及参与者是如何在家使用技能的，重点关注这些技能如何帮助他们更有效地养育青少年；
- 复习家庭作业；
- 针对如何养育一名情绪失调的青少年，提出、教授和讨论新技能；
- 家庭作业和与所学概念相关的阅读材料。

随着小组活动的深入，参与者开始认识到，改变对于自己和青少年来说是多么地困难。他们也认识到了认可的重要性——认可当下的青少年，认可他所面临的困难，认可他正在努力做最好的自己。家长们挣扎着，最终还是接受了这样的辩证理论：他们可以提供一个环境来强化有效的选择，青少年最终会在生活中做出必要的改变。

鼓励家长寻求或接受个性化的指导，以便有效地运用这些技能，并针对他们在家里面临的问题制定新的策略。这与针对青少年的个体化治疗一样，有助于尊重每个人为改变做出的努力。

并行技能小组。这种方法要求家长和青少年加入各自的技能小组。青少年和家长学习相同的模块，可能有相同或相似的家庭作业。这种模式确保了家长的参与，增加了家长和青少年讨论技能、一起练习技能、相互支持学习的可能性。小组以类似于青少年小组的方式进行：当青少年开始技能小组培训时，家长也开始培训，并且持续地进行技能轮换教授。只要有必要，家长和青少年就会加入小组学习技能。这类技能小组遵循上文提到的培训模式。

家长和青少年共同参加的小组。家长和青少年会共同参与其中。这种方法为家长和青少年提供了共同学习的机会，他们可以一起练习正念等技能，分享团队的教学知识点，并在培训师的帮助和影响下解决使用技能的困难。在这种模式中，小组的一名培训师与家长会面，另一名培训师则与青少年见面，练习和讨论技能培训或家庭作业。在这个模式中，参与者营造了讨论家庭所面临的困难的空间，而不用担心引起家长或青少年的互相责备，以及内疚或沮丧的消极情绪。

每月家长迎新会。当培训师很难持续地帮助一个独立或并行的技能小组时，那么在开启每个模块时，与技能小组中青少年的家长见一次面，以使家长了解将要教授的技能，这可能会有所帮助。这个技能小组将从正念开始培训，家长能够学习与青少年相同的知识。这样做的目的是帮助家长了解这些技能，并与青少年产生联系。会议可以完全集中在引导家长学习技能上，也可以让家长分享在家里使用技能的担忧。培训师应该继续专注于指导技能的任务，而不应因家长的直接需求和关注而分心。需要更多DBT指导的家长可以进行个体化的治疗和指导。

多家庭小组。这种技能训练模式将青少年和家长结合在一个多家庭群体中，大家在一起学习技能。这是强制性的，每个家庭的青少年和家长一起参加小组的所有会面、学习、讨论和技能练习。由于参与人数较多，培训师可能会将参与者分成几个小组检查作业，也可能会出于时间的考虑减少复习的机会。

随访小组。有时家长们在小组培训结束时会很矛盾，因为他们发现其他成员的支持是如此珍贵。有许多跟进随访的方法，为家长们提供学习和复习技能的机会，比如为家长准备的"毕业"小组或定期复习小组。

为家长提供技能小组：使用哪种模式

评估为家长提供技能小组的最有效方法可参考表5–3。

表 5–3 家长技能小组的适用模式

问题	肯定回答，适用以下模式	否定回答，适用以下模式
你希望接受 DBT 治疗的青少年的父母加入技能小组吗	• 有或没有家长和青少年在一起的并行技能小组 • 多家庭小组	• 每个模块的定向小组 • 家长小组（自愿参加）

续前表

问题	肯定回答，适用以下模式	否定回答，适用以下模式
你是否希望家长加入独立的培训小组，从而避免孩子的评判，放心地表达自己的感受和担忧	• 独立家长技能小组 • 并行技能小组	• 有或没有家长和青少年在不同时段参与的并行技能小组 • 多家庭小组
你是否希望家长和青少年一起学习技能	• 多家庭小组 • 家长和青少年共同参加的并行技能小组	• 独立技能小组 • 并行技能小组
是否有足够的空间和人员，组织独立的家长技能小组	• 独立技能小组 • 有或没有家长和青少年共同参加的并行技能小组	• 多家庭小组

　　我们为家长们提供了修改过的讲义和作业练习表，我们也鼓励他们准备一个 DBT 活页夹。第 4 章中提供的工作表也适用于家长。关于单独为家长准备的工作表，请参阅本章结尾的"参考资料"。

保密

　　青少年和家长都要重视保密规则及其限制条件。如果青少年允许家长与治疗师沟通，并授权分享信息，治疗师就能够分享关于主要问题的信息，而不透露治疗中讨论的具体细节。在这些情况中，治疗师仍应与青少年讨论哪些信息将被分享。此外，治疗师应该告知家长，为了保障青少年的知情权，家长分享给治疗师的一些信息也会分享给青少年。这种公开透明的沟通方式有助于帮助青少年维护与治疗师的关系，并且能够与家长进行最深层次的沟通。

如果治疗师不能与家长共享青少年的信息，家长可能难以接受，但他们必须优先考虑孩子和治疗师之间的关系，而不是自己的需求。在这种情况下，家长需要得到认可和支持，以及家长教练的帮助。但是，无论治疗师怎么做，青少年和家长都应当了解，分享潜在危险行为或对自己和他人容易造成威胁的信息，是确保青少年和他人安全的重要方式。

帮助家长应对威胁

对于家长和 DBT 从业者来说，最令人担忧的是青少年做出自伤或自杀行为。家长需要认真对待青少年的自伤和自杀的威胁，并做出相应的反应。

这时，家长陷入矛盾的困境，他们既要尽力保障青少年的安全，又不能控制他的所有行为。DBT 从业者同样两难，他们既要努力让青少年配合治疗，又要确保他的安全。

为了消除自我伤害的威胁，有些家长可能会开始向青少年"让步"，这反而强化了威胁的效力，增加了威胁继续存在的可能性；而有些家长可能会忽视这些威胁，拒绝"屈服"，然后他们可能会发现，青少年的情绪变得更加不受控制，行为更加失控，家长因此产生了内疚，以至于更难有效地回应。家长教练帮助家长将内疚感降到最低，这样他们就能对来自青少年的威胁做出有效的反应——有时可能包括寻求心理健康援助。

治疗师将持续评估青少年的自杀倾向，并与家长一起工作，以确保青少年的安全。第 7 章将进一步讨论。

对自伤的回应

青少年会自伤或威胁要自伤，除非有必要进行医疗治疗，否则没有必要将其送往医院。家长应该尽其所能地为青少年创造一个安全的环境。即使治疗师不便与家长沟通，家长也要想办法提醒治疗师，青少年有自伤的倾向。对于家长来说，关注或花时间讨论这件事通常是无效的，还可能会强化行为或导致进一步的情绪失调。所以，最好让青少年和治疗师合作解决自伤的问题。然而，当青少年自伤时，家长可以从家长教练或参与治疗工作的人那里得到支持，这有助于他们应对可能出现的无助感。

对自杀威胁的回应

当一名青少年威胁家人，说要自杀时，家长可以采取以下对策：

- 让青少年联系治疗师或培训师进行评估和指导；
- 保持冷静，认可并鼓励使用技能；
- 确保青少年居住的环境是安全的；
- 征求青少年的同意，带他去治疗；
- 如果青少年有自杀倾向，对降级疗法没有反应，不愿意与他的 DBT 治疗师交谈或使用技能，那么应立即带他去急诊室或危机处理中心，或呼叫急救人员进行进一步评估。

总结

在本章中，我们讨论了家庭协作的重要性，以及家长在帮助青少年构建真实生活环境方面所起的关键作用。为了减少对家长的主观判断，DBT 的从业人员需要理解家长面临的困难，才能与家长共同配合解决问题。我们讨论了与家长合作的各种技能培训的方法，并举例说明如何使用这些方法来更有效地养育子女。

参考资料：

表 5-4 至表 5-8 为常用工作表。

表 5-4 家长思考工作表

以不加评判的方式思考和沟通

当你生气、失望、沮丧或绝望的时候，想想你曾在青春期经历过的事。你有什么想法？注意这些想法，包括"应该""不应该""必须""适当"或"他这样做是因为……"。

记录下你的想法：

_____

_____

_____

运用技能，客观地看待你的青春期。注意评估，然后放手，不要做假设。当你的负面情绪更少时，你就会知道技能是有效的。客观地对你的孩子进行描述：

_____

_____

_____

冰释前嫌，放手吧。

不要妄加判断。

一定要客观地表达自己的想法。

表 5-5　　　　　　　　　　家长应对工作表

寻找对你的孩子有效的东西

在你孩子的经历中，什么是有效和真实的？

当你忽略歌词的时候，音乐是什么？

你孩子说的话背后隐藏的情绪是什么？

你的孩子要如何度过他的生命历程？

请认识到当下的困难处境对孩子的重要性，直面孩子正在经历的痛苦，拥有解决问题、达成目标的智慧。

当你的孩子说	想想怎么解决是有效的
你生了我（或选择收养我），所以你必须帮我处理问题	
我身上出现的问题是你的错，不是我的错	
你需要学习怎么养育孩子	
你不懂我	
我不知道你为什么生我的气	
我不在乎你说什么，反正我要做我想做的事	
你从来不按我说的做（或你从不让我做任何我想做的事）	

表 5-6　　　　　　　　家长评估工作表

练习：评估家长的行为或反应的后果

关注家长的反应的积极和消极影响

选择一个事件/情景/互动，在其中你必须决定如何回应，并且有许多可能的回应。

我面临的问题是：

在下面的框中填入两种可能出现的反应：（1）一般情况下你会做出的情绪反应；（2）与过去截然不同的情绪反应。在下面方框中给出的例子下面，描述每个回答给你的感觉以及对孩子的潜在影响

情绪反应	积极影响	消极影响
1.一般的情绪反应：	例如：我觉得用一般的情绪反应更舒服	例如：我的孩子没有变化
2. 使用 DBT 技能思考后的反应：	例如：我的孩子可能会有所改变	例如：我对孩子对我行为变化的反应感到焦虑

续前表

哪一种反应将更有效地实现青少年长期改变的总体目标
回想一下你所学习的一些技巧，这些技巧可以帮助你在如上所述的有挑战性的情况下采取更有效的行动。下面请列出可以更好地帮助你的技能（例如使用正念、自我安慰、转变想法等）：

表 5–7　　　　　　　　行为主义实践练习

你有机会强化青春期孩子的适应性行为，从而增加这些行为更频繁发生的可能性。

你想改变什么行为
具体描述这种行为。它多久发生一次
你想强化还是弱化行为

这种行为通常会带来什么后果
你通常如何回应这种行为
行为之后还会有什么后果
有长期后果吗

续前表

如果你想强化一种行为，你会用什么强化物	如果你想弱化一种行为，你反而会强化什么行为？惩罚会有效吗
记住：选择一个你可以给予自己或从别人那里持续得到的激励	你会用什么强化物来强化新行为？用什么"惩罚"

对后果的直接反应是什么

你和你的孩子感觉如何

行为改变了吗

_____

长期的后果是什么

_____

表 5-8 家长认可练习表

家长认可练习
我所面临的情况是（列出你的观察和/或描述你的孩子在做什么）： _____ _____

续前表

> 我对这种情况的想法和感受是：
> _____
> _____
>
> 我正在努力以客观的方式理解青春期的孩子。我正在寻找什么方式是有效的。有效的是：
> _____
> _____
>
> 青春期的孩子正在竭尽所能地进行改变。我承认，我能理解我的孩子所说的：
> _____
> _____
>
> 这种情况的结果是：
> _____
> _____
>
> 我感受到：
> _____
> _____

第6章
发动身边的力量，让孩子获得更广泛的支持

咨询小组采用 DBT 模式，目标是为 DBT 从业者提供支持、咨询和培训。对于任何提供 DBT 治疗的人来说，加入咨询小组非常有用，可以保持 DBT 治疗的重点，不断学习培训，减少与青少年这样的高危人群一起工作时精力枯竭的风险（Linehan, 1993a）。

咨询小组的目标

许多因素都可能引起 DBT 从业者沮丧、疲惫和倦怠等消极情绪的产生，比如需要保持客观中立的态度、平衡冲突和矛盾、在青少年认为自己没有问题时试图让他们参与到艰难的治疗工作中，以及担心青少年可能会做一些对自己有害的事情等。为了在与青少年这样的高危人群打交道时克服消极情绪，提高治疗效果，咨询小组为 DBT 从业者提供了以下几种关于提供有效治疗的指导方针。

- 与 DBT 理念和干预措施保持一致的责任。
- 在执行具有挑战性和困难的 DBT 任务时，给予同伴强化（青少年可能会抵制 DBT 干预，如果没有支持，从业者就会很容易屈服于这种抵制）。

- 一个不带偏见和认同的地方，在这里可以讨论工作时遇到的困难和担忧，而不用担心受到同行的负面评价。
- 提供有组织、有结构的环境，重点是维持对青少年及其家人的客观立场。
- 为 DBT 从业者提供一个机会，使其认识到可能干扰提供有效实践的想法和感受。
- 指导提供最有效的治疗方式和对特定青少年使用最有效的策略。
- 一个由其他 DBT 从业者组成的组织，可以帮助从业者保持辩证的立场，这是通过识别和综合不同的与矛盾的观点，在小组内部和对青少年进行实践中得出的。
- 为 DBT 从业者提供一个加强学习和提高技能的机会。
- 坚守自己的底线。

咨询小组帮助 DBT 从业者保持中立的态度，同时仍然专注于青少年的改变。尽管在与青少年打交道时，DBT 从业者会不可避免地面临高潮和低谷，但加入小组能使他们永葆希望，得到支持，并致力于治疗。

咨询小组和保密

咨询小组的成员能够从讨论临床工作困难的过程中获益良多。因此，重要的是青少年要知道，DBT 治疗师将在咨询小组中分享他们与其讨论的内容，以便治疗师能够提供最有效的治疗。当治疗对象是青少年时，青少年和他的父母都需要知道咨询小组，并被要求授权公开信息，以便在小组会议中讨论。

咨询小组及风险评估

治疗过有自伤或自杀等高风险行为青少年的 DBT 从业者发现，在评估风险和管控安全时，咨询小组的支持非常重要。DBT 从业者在考虑如何在门诊管理、治疗一名特别不安全的青少年时，或在决定青少年是否需要进行住院治疗时，可以寻求咨询小组的帮助。通常情况下，咨询小组要充当外部观察员，或在 DBT 从业者无法进行风险评估时提供帮助。咨询小组的记录是一份宝贵的监督文件，反映了该小组对临床结果的共同责任（Koerner, 2012）。

自杀（企图）评估

在青少年自杀未遂或自杀身亡后，DBT 从业者会得到咨询小组的支持。在这种情况下，咨询小组为 DBT 从业者提供了宝贵的支持和认可，还帮助从业者将最近的事件和干预措施联系起来，以评估哪些工作已经有效完成，哪些工作可能被遗漏，以及哪些工作可以在未来更有效地完成。如果青少年仍要接受治疗，咨询小组还会帮助 DBT 从业者制订一个治疗计划。咨询小组提供的客观环境有助于 DBT 从业者从青少年的困难和痛苦中学习如何更有效地工作。

成立咨询小组

成立咨询小组是实施 DBT 治疗实践的重要一环。在开始提供 DBT 治疗时，咨询小组可以为 DBT 从业者提供 DBT 的理念和技能培训，并持续地提供对 DBT 理念的指导。如果实践或组织已经提供了 DBT，那么咨询小组将遵循 DBT 的立场继续给予支持和指导。因此，必须成立一个咨询小组来支持 DBT 从业者。

DBT 从业者可以通过以下两种方式参与咨询小组。第一，DBT 从业者可以加入一个已经存在的咨询小组或愿意采用 DBT 理念的同行监督小组；第二，还可以将独立实践的 DBT 从业者聚集在一起，建立一个咨询小组，定期开会讨论临床材料，评估 DBT 实践，寻求使每个实践变得更有效的方法。这个咨询小组还允许 DBT 从业者为青少年协调治疗，这些青少年可能会在个体化的实践中体验个体治疗、技能培训和家长合作。如果 DBT 从业者之间的距离较远，无法见面，那么可以通过电话或线上会议来完成工作。无论他们采取何种形式，咨询小组都可以考虑雇用一名 DBT 顾问来保持团队的一致和有效。

咨询小组协议

咨询小组必需的是信任、客观和认可的环境，这样的环境要通过一系列的"协议"来开发和维护。这一系列的"协议"可以指导小组的工作，并在小组中创建 DBT 框架。这个框架类似于指导临床工作的框架（Linehan, 1993a）。每位参与者都同意遵守由咨询小组制定的定期审查的指导方针，并帮助解决不可避免出现的分歧或矛盾。如下这些原则改编自米勒、拉瑟斯和莱恩汉的研究（Miller, Rathus, & Linehan, 2007），有助于在咨询小组中应用 DBT。

- 承认存在不同的观点，小组成员应该寻找一种方法来整合和综合矛盾的观点，而不是只为寻找"真相"。
- 理解分歧是不可避免的，并抓住实践技能的机会，以解决或认可冲突。
- 认识到小组内部的一致性并不总是必要的，因为 DBT 从业者之间的不一致性反而为不同的青少年和困难提供了使用技能解决现实矛盾的多样性（青少年可以在每个从业者的观点中找到有效性，即使他们的观点并不一致）。
- 遵守个人和职业的限制，不受其他小组成员评判的影响，也不做自我评判。
- 如果某位小组成员的行为干扰了治疗，就接受其他小组成员的建议，找到更有效地解决问题的方法。
- 创建一个非评判性的环境。在这个环境中，成员同意寻求对青少年的客观评价，同意在 DBT 框架下不评判彼此，接受来自其他成员的反馈。当他们使用主观判断性思维或话语时，认可他们的感受和担忧。

- 接受所有 DBT 从业者都可能犯错误的事实，同时也应该得到关于更有效的 DBT 方法的反馈，为青少年提供更有效的服务。

咨询小组增加了对 DBT 模型的忠实度，并提供了一个环境，从业者在这里能够练习青少年正在学习的技能，体验青少年在小组治疗中的一些感受。从业者可能需要深入了解自己对青少年的反应，并评估是什么阻碍了有效的工作。通过这种方式，从业者可以在小组成员身上实践治疗技巧，如认可、行为分析和解决问题（Koerner, 2012）。因此，从业者能够更加了解自己以及青少年有关 DBT 治疗的经验，提高小组所有成员的敏感度和技能的有效性。

应对小组内部发生的问题

小组内部存在分歧是不可避免的，最重要的是小组成员要坚持客观辩证的立场，利用 DBT 疗法和技能解决问题。此外，当小组成员不遵守 DBT 协议时，一些咨询小组将动用观察员进行提醒。观察员可能会在小组成员变得妄加评判、忽视彼此的有效性、逃避评论其他成员的干扰治疗行为、为了寻找"真相"而陷入权力斗争或者在小组会议中无视 DBT 的规则时介入。

咨询小组需要学习如何根据 DBT 指导方针有效地开展工作。合理处置会议中如下这些突发事件，可以帮助小组更有效地工作。

- 当一名成员因为迟到、接电话或干扰其他成员而影响会议秩序时，需要及时干预。
- 如果一名成员一直扰乱小组的工作，就进行链分析。
- 要求小组成员按时打卡、参加会议、遵守 DBT 的指导方针，以加强工作的有效性等。

咨询小组为 DBT 从业者提供了一个同步提升的机会，他们与其他小组成员使用相同的技能，以求与他们治疗青少年的工作协同发展。DBT 的理念鼓励治疗师相互接受和认可，同时也致力于帮助每位小组成员为所有青少年提供最有效的治疗。

初步决定

没有计划和准备将无法创建一个高效的咨询小组。在成立小组时，治疗师需要做出的一些决定，包括召开会议的频率和持续时间、小组成员，以及小组是开放的还是封闭的。我们将在下面仔细分析每一个决定。

会议频率及持续时间

有些小组每周开会（一个小时到一个半小时），而有些小组可能每隔一周开会（两个小时）。召开会议的频率取决于小组成员的可用性和临床需求的水平，小组会议的时间足够长，每隔一周，每位成员至少有 20 分钟的临床会诊时间

（Swenson, 2012）。治疗师在治疗实践中投入的时间和精力可能决定了参与者的数量。

小组成员

我们建议小组成员数量在 4～8 名为宜——足够从多个角度提供不同的观点和反馈，组员太多反而不能满足每名成员讨论和解决其他问题的需求。

根据上面讨论的指导方针，无论身份如何，小组中的每个人都是平等的。小组内的信息不应该在小组之外使用，这是参与者必须遵守的规范，如果能够做到，所有 DBT 从业者都可以在同一个咨询小组中一起工作。如果有些问题在小组内部无法解决，确实有必要与小组外部的参与者讨论（类似于处理小组外部青少年的某些行为）。

协调员

不同的小组可以选择不同的会议形式。所有成员都能承担小组领导的角色，在不同的会议上轮流担任小组协调员。也可能有一位专门的小组协调员——通常是有更多 DBT 治疗经验或者更多领导团队经验的成员。

协调员的主要职责是为会议制定议程，为议程项目划分等级，分配好会议时间，以确保满足每个人的需求。每个小组可以选择能够最有效地满足其需要的形式。

开放小组 vs 封闭小组

咨询小组是开放的（持续接纳新成员）还是封闭的（固定的成员）？在组织机构或私人诊所中，所有与青少年合作的从业者都可以加入咨询小组，这意味着该小组是开放的，并不断接受新的从业者。对于与其他从业者组成小组的独立从业者，他们可以决定是否和何时接受新成员。新成员可以带来新想法和新观点，但也可能打破其他人的舒适圈。小组成员可能会在一个封闭的小组中找到安全感，在这里他们已经对彼此产生了信任，认识到了改变的重要性。对于小组成员来说，如果要求青少年走出自己的舒适圈，使用技巧来管理他们对新成员或小组变化的感受，这可能是有帮助的。

小组会议的结构

每次小组会议的议程都遵循一致的结构。一些小组让参与者在会议开始前发送他们的问题和关注点，而有些小组则让参与者在会议开始时直接表达他们的需求。每次咨询小组会议应包括以下要素，按所示顺序处理（Miller, Rathus, & Linehan, 2007）。

- 正念和后续随访讨论帮助参与者专注于当下，学习和练习新的正念练习，并接收有效练习指导的反馈。
- 审查咨询小组协议的执行情况。

- 关于青少年的临床咨询，帮助从业者用 DBT 理论术语进行回应。优先考虑指导临床会议的相同目标，从业者会按照以下顺序提出与青少年相关的具体问题：
  - 威胁生命或身体安全的行为；
  - 青少年、家庭成员或治疗师妨碍提供有效治疗的行为；
  - 妨碍青少年建立其想要的生活的行为。
- 讨论技能培训小组和任何干扰小组治疗的行为（如果小组正在协调技能培训师和个体治疗师之间的治疗）。
- 关于从业者或青少年的好消息和有效治疗的最新进展。
- 讨论任何可能干扰治疗或需要小组组员共同面对的问题。
- 持续培训：复习在技能小组中学习到的技能或与 DBT 治疗相关的文献。

咨询小组会议为治疗师提供了必要的支持，保持一种平稳的态度来应对情绪上有挑战性的和高风险的人群。作为我们自己咨询小组的成员和其他小组的协调员，可以证明这些会议在提供有效的 DBT 治疗方面是多么宝贵，比如成员对自身经历的接受、认可和对友情的期待程度，知道有机会讨论棘手的问题、担忧或对青少年的客观判断多么令人安心，以及会议如何鼓励参与者继续为他们的青少年来访者寻求更加有效的治疗方法。

协同治疗

青少年仍然依赖成年人，尽管他们渴望独立和掌控自己的生活。接受青少年的咨询，认同青少年的自我主张始终是 DBT 的目标，但与青少年合作的从业者也有必要协调与家长之间的关系，以便青少年和他的家长不会收到相互矛盾的信息或建议，这样的治疗才能有效。

一个青少年的治疗团队通常有几个成员，甚至更多，他们可以为他生活的不同领域（学校、工作、家庭、医疗、运动等）提供帮助。虽然并不是每一个与青少年打交道的 DBT 治疗师都需要了解青少年经历的所有困难，但那些在不同时期（尤其是在学校）对处于危险中的青少年负责的人应该意识到安全、认可和强化适应性行为的必要性。

当青少年向小组的不同成员提供不同的信息，或者在特定时间由于自己的情绪状态做出不同的行为时，协同治疗也可以将潜在的困惑和分歧降至最低。持续地沟通和协调能够使所有与青少年一起工作的专业人员有效地参与到帮助青少年的任务中，消除沟通不畅可能产生的障碍。

治疗团队内的协调

在一个 DBT 治疗团队中，通常会有几个从业者参与青少年的治疗。一个正在接受个体化治疗和技能小组（可能有两个负责人）的青少年，如果他的父母加入团队，那么除了青少年本人以外，这个治疗团队中至少有四名不同的成员。在一些实践中，精神病医生也可能是小组的一员，并可能要承担一项或多项职责。虽然治疗提供者之间不一定要有绝对的一致性（见上文"咨询小组协议"部分），但重要的是，小组的所有成员都需要对青少年有相似的看法，并且对青少年的生活细节（尽管不一定是具体的）有一致的了解。

在 DBT 治疗团队中，个体治疗师负责协调治疗，并向其他成员传达重要信息，这样的信息共享需要在青少年和家长的理解和许可的情况下完成。分享信息的 DBT 治疗师还必须对一般了解和需要保密的信息之间的区别保持敏感，因为保护青少年的私密信息对维护青少年的安全，以及发展和创建一个有效的环境是必要的。告知青少年的不安全或危及生命的行为，反而是维护他们安全的一种方式，这始终是 DBT 的优先目标。个体治疗师在帮助团队制订最有效的治疗计划的同时，也要维护他与青少年之间的信任。

如果一名独立的家长教练能让家庭成员认识到与团队合作的重要性，并获得家庭成员的许可来分享信息，那么在分享过程中，也要注意哪些事情对团队来说是重要的（可能影响青少年的重要事件、家庭变化、对危及生命的行为的恐惧、治疗干扰行为），以及家庭成员可能想要保密的事情。通常家庭成员很乐于接受团队的方法，欢迎家长教练与团队一起开发一个持续有效的方法来帮助青少年。

外部合作

在 DBT 框架内，青少年的个体治疗师将与其他专业人员（学校工作人员、精神科医生）合作治疗，以便所有专业人员都能了解到必要的信息，保障青少年的安全，提供有效的治疗，增加青少年从所有治疗从业者那里得到一致信息的可能性。DBT 治疗师在与其他专业人员合作时应保持辩证的立场，努力将不同的观点和想法统一起来，而不认为只有一种方法是有效的。DBT 治疗师也会对青少年和他的家庭保持一种客观的态度，并帮助其他人在非责备的 DBT 框架内理解青少年。

虽然对青少年来说，有一名 DBT 个体治疗师更有效，但合作治疗是必要的。如果青少年参加了 DBT 技能小组，并接受了非 DBT 从业者（或团队外的临床医生）的单独治疗，技能小组的负责人将让从业者了解青少年在技能小组中的如下经历和行为的最新情况。

- 在小组中学习技能，以便在个体化治疗中得到加强。
- 治疗干扰问题，可以由个体治疗师和技能培训师解决。
- 了解可能出现的承诺问题，需要由个体治疗师解决的问题。
- 看到青少年积极的行为变化，便于个体治疗师可以为之提供额外的强化。

个体治疗师、技能培训师和精神病医生可以通过打电话或发电子邮件共享以上信息。在征得青少年的同意之后，以一种积极的、客观的、肯定的方式，在电子邮件中分享关于正念练习、学习和练习新技能，以及青少年是否带家庭作业、所表现出的态度等，进而进行合作治疗和进展评估。

如果一个非 DBT 个体从业者正在干扰治疗（不遵守承诺或不按时完成作业或每日日志，不做链分析等），DBT 咨询小组将需要讨论出一个有效的策略来减少这种干扰，并增加合理的合作。我们发现，向接受非 DBT 个体化治疗的青少年提供技能培训可能是有问题的，除非治疗师事先同意在个体治疗中做特定的任务。

与其他专业人员协同治疗的机会是非常宝贵的，即使他们不能提供 DBT 治疗。这些从业者共同承担对青少年的治疗责任，互通有无，从不同的角度形成有效的合体，这是令人欣慰的。

总结

在本章中，我们讨论了咨询小组的重要性，以及不同专业领域的从业者协同合作为青少年提供治疗的方法。我们还讨论了建立咨询小组的几种方法、小组会议的指导原则和议程，以及小组可以为成员提供必要的认可的方法。如果你没有加入咨询小组，我们建议你找到一种方法来成立咨询小组，或者从其他理解 DBT 理论的从业者那里获得帮助。这将为你提供宝贵的支持和友情，也能让你为青少年提供更有效的治疗。

第三部分

叛逆期失控行为的应对之策

第 7 章
孩子自伤，该怎么办

DBT 最初是为了帮助那些想要摆脱情感痛苦而采取伤害自己的方式以减轻痛苦，或试图自杀以永久摆脱痛苦的成年人而开发的（Linehan, 1993a）。由于缺乏生活经验，青少年不知道痛苦可以慢慢释怀，不会永远持续下去，他们总是急于寻找摆脱痛苦的方法。他们无法超越眼前的痛苦，只能寻求即时的缓解，有时还会以危险的方式。DBT 传达的信息是充满希望的，即使青少年在当下感到痛苦和绝望，也能找到有价值的生活。这就是 DBT 开发者玛莎·莱恩汉的经历（Carey, 2011）。因此，DBT 不是一种反自杀疗法，相反，它是一种帮助青少年找到生活的理由，并逐步实现他们想要的生活的治疗方法（Linehan, 1993a）。

自杀是导致青少年死亡的第三大原因，DBT 对有自杀倾向的青少年是有效的（Miller, Rathus, & Linehan, 2007）。因此，DBT 从业者的治疗对象通常是发生过自伤或自杀行为的青少年，他们可能已经接受过住院治疗，但并没有遇到能够处理其危险行为的治疗师。从业者看到的也可能是一名没有自杀企图但自伤了一段时间的青少年，或者是一名第一次产生自杀想法的青少年，他的家人会害怕、无措、愤怒、失败或悲伤，这种反应的程度取决于青少年的此类行为持续了多久。青少年的家人对治疗师的诉求是孩子能够有所转变，行为变得更加安全，减少或消除自伤、自杀行为。

这样一来，DBT 从业者必须平衡自己对风险的容忍度、对青少年的了解，以及认识到变化会随着必须尽快从青少年那里获得对生命和安全的承诺而缓慢发生。本章将讨论如何组织治疗工作来解决这一辩证问题，并最有效地帮助青少年从痛苦和绝望中走向他想要的生活。

评估不安全行为

为了有效地管理青少年的不安全行为，DBT 从业者使用来自临床访谈、结构化自我报告和其他从业者评估的数据（Miller, Rathus, & Linehan, 2007）。综合评估，DBT 从业者可以得到以下关于青少年风险水平的信息。

- 自伤和自杀行为的致命性。
- 自杀的风险因素，如之前的尝试、家庭自杀史、危险的性行为（Kim, Moon, & Kim, 2011），或者青少年或家庭成员存在精神疾病史。
- 青少年的死亡意愿与生存理由。
- 自伤或自杀行为的功能、前因后果，以及维持该行为的偶然因素。
- 共病病情的诊断。

随着治疗进程的推进，DBT 从业者将对青少年及其行为有更深入、更完整的理解，也将提供更多的数据来指导干预。

自杀评估

在评估自杀倾向时，DBT 从业者会注意上面列出的风险因素，也会评估来自生活压力、虐待、学习困难、性别认同、其他自杀行为的传播效应以及自杀行为的风险。自杀过的青少年风险更大，需要对其未来的自杀行为进行非常详细的评估（Miller, Rathus, & Linehan, 2007）。

自伤行为与自杀行为

自伤行为往往是没有死亡意图的故意行为，存在各种各样的表现形式，这些行为会对青少年的身体造成损害，但能够调节他们的情绪。比如割伤、烧伤或催吐、催泄等行为可以缓解心理痛苦，并刺激体内的痛苦缓解反应。相比之下，自杀行为包括至少有矛盾的甚至是不确定的死亡意图的行为（Miller, Rathus, & Linehan, 2007）。

虽然一些自伤行为看起来并不危险（例如，用回形针划伤手臂表面），但在 DBT 中，它们被认为是威胁生命的行为，因为这些行为可能导致严重的意外伤害或死亡，而且它们往往是导向自杀的重要因素（Miller, Rathus, & Linehan, 2007）。DBT 从业者需要认真对待所有的自伤行为。

DBT 从业者将经历这样的辩证：需要关注所有自伤行为，评估青少年的意图和安全性，同时既不通过关注或增加治疗来强化该行为，也不通过住院治疗来做出自动反应。治疗师对自伤和自杀行为要保持一种客观的态度，明白它们是青少年试图缓解心理痛苦而为之，也可能在不经意间被环境加以强化。与此同时，从业者会寻求青少年的承诺来停止这些行为。

慢性自杀意念

有些青少年会持续产生自杀的想法，但没有立即付诸行动。他们可能会不断提醒自己，有一种方法可以摆脱无情的痛苦且这种想法将一直萦绕在他们的脑海里。

住院治疗

治疗有自伤或自杀倾向的青少年的 DBT 从业者面临的困境之一是，如何设法使他们远离医院，一方面要确保青少年能够学习和使用技能，另一方面也要确保他们在无法使用技能时的安全性。家长经常面临类似的困境，即便有时青少年产生了轻生的想法，他们也想竭尽全力保护青少年的安全。任何干预措施的首要目标都是让青少年活下去。在每次会面时，治疗师都会评估青少年的自杀倾向。如果青少年无法保证自身的安全性，比如他产生了自杀的想法，或者当青少年的高度冲动导致治疗师认为危及他的自身安全时，必须考虑住院治疗，直到青少年能够重拾对生命和安全的承诺。

当青少年住院治疗时，DBT 治疗师担任他的顾问（Linehan, 1993a）。除了提供相关的临床和治疗信息外，医生通常不直接代表他与医院的工作人员进行沟通。治疗师的立场是培养青少年的技能，让他走出医院。

当一个青少年想要去医院的时候（可能有各种各样的原因，包括在那里获得的安全和保障，以及逃避医院以外的问题），DBT 治疗师会引导父母告知医院的工作人员如何调整治疗的强度，这样医院的工作人员就不会在无意中加强他们想要减少的行为。如果青少年因住院而错过 DBT 的预约，住院治疗可能成为治疗的干扰因素。当青少年重新接受治疗时，DBT 治疗师会将导致住院治疗的行为和想法联系起来。

下面我们将围绕加布的例子来讨论说明如何治疗有自伤行为或自杀想法的青少年。

> 18 岁的加布还在上大学。男友和她分手后，她从四楼宿舍的窗户跳下，受了重伤。在医院治疗期间，她告诉医生她有了轻生的想法。她和男友发生了矛盾，两个人吵得不可开交。尽管她成绩优异，社交活跃，在高中和大学期间都是学校辩论队的成员，但她还是觉得自己毫无价值，未来毫无希望。在高中时，加布曾因抑郁症接受治疗，并有过在情绪低落时割伤自己的经历，在她上大学之前，这种

情况得到了缓解，她在一名 DBT 治疗师那里治疗了两年。她曾考虑过，如果没有考入心仪的大学，她将选择自杀，但当她真正进入想去的那所大学学习后，这种想法就消失了。她曾去过大学的心理咨询中心几次，但没有联系之前的治疗师，在自杀未遂的前两个月，她一直没有接受治疗。加布有与许多男性频繁发生性关系的过往，她说这能让她有被爱的感觉，尽管每次发生性行为之后，她都对自己感到羞耻和厌恶。当她在大学里有了男朋友以后，她本以为生活会慢慢好起来，但事与愿违。出于对她自身安全的考虑，学校建议她暂时休学治疗，她的学业只能被搁置一旁，她的父母也非常担心她的安全，她已经回家专注于自己的心理健康治疗。

理论辩证法

DBT 承认，人们产生自伤和自杀的念头，其实是有一种结束痛苦和折磨的强烈愿望，但来访者既然还想要治疗，就说明他们还有活下去的愿望。DBT 的综合观点是，生活确实会带来痛苦，但人们可以学会有效地管理这些痛苦，激发出生活的勇气（Linehan, 1993a）：可怕的痛苦和对生活的希望可以同时存在。从业者保持这一立场，目的是让来访者在治疗过程中整合这种矛盾的看法。

在帮助有自伤行为的青少年时，家长可能会发现自己的两极化立场。DBT 团队的家长教练的任务之一是，帮助他们在宽容型和控制型家长之间找到平衡——宽容型家长试图避免冲突，控制型家长试图通过保护青少年来减少父母的焦虑。家长教练认可每个家长保护孩子和减少冲突的想法。家长教练还要帮助家长相互支持，关注如何最有效地保护青少年的安全，并鼓励他们做出安全的行为选择。考虑到情绪失调具有传播性和不断升级的特质，家长教练需要持续地、温和地、积极地解决问题，这可能是特别具有挑战性的。

案例概念化和目标设定

自伤会因其造成的后果而得到强化，这些后果可能包括对痛苦情绪的管理、自我惩罚、"感知"某些事物的能力、社会接受程度的提高、对痛苦的认可，以及分离性事件的结束（Klonsky & Muehlenkamp, 2007），影响青少年群体自伤的独特因素组合将在治疗实践中被发现。

尽管这些青少年在生活的许多领域都展现出卓越的能力，但他们常常隐瞒自伤的事实，直到最后为了摆脱压在身上的最后一根稻草，减轻感受到的强烈痛苦，才被迫承认自伤的真相。虽然有些人认为，青少年自伤的原因是为了在生活中获取关注，但实际上这样的说法可能是本末倒置，获取关注是自伤的结果，而不是推动行为的原因。这通常会让

DBT 从业者、家庭成员和其他将自伤的原因归为"寻求关注""操纵"的人感到困惑，尤其当青少年后来威胁说，如果他们得不到自己想要的东西，就会伤害自己。自伤可通过青少年的感受而形成习惯，使之成为一种管理痛苦的强化（但可能是致命的）技巧。青少年的这类行为得到强化，不一定是为了获取关注，而是因为心理痛苦的缓解或注意力的分散。

同样，在 DBT 中，产生自杀的想法和行为也不被视为寻求关注，它被视为一种对极端情感痛苦的反应，以及对痛苦永远不会结束的执念。自杀被青少年当作摆脱无尽痛苦和黑暗的一种方式。从未有过这种经历的家长无法理解一个似乎拥有一切的青少年为何想要结束自己的生命。治疗师（或家长教练）帮助家长明白，青少年正在拼命地寻找结束痛苦的方法；与此同时，治疗师也在寻找方法，帮助青少年安全地结束痛苦，让他活下去，直到他过上想要的幸福生活。

表 7–1 可以帮助 DBT 从业者和其他人理解自伤行为的作用以及放弃自伤行为的内在困难。一名放弃自伤行为的青少年将不得不学习用其他更安全，但可能在一开始不太有效的方法排解痛苦。明白了这一点，治疗师才能更好地认可青少年，并帮助他做出放弃自伤行为的承诺。

表 7–1　　　　　自伤或使用技巧控制痛苦的积极和消极影响

行为	积极影响	消极影响
自伤	• 立刻感到轻松；从痛苦的想法中解脱 • 将注意力从痛苦转移到自伤的行为和后果上 • 认为自己有了一定的掌控力	• 冒着受到严重伤害或死亡的风险 • 可能需要住院治疗 • 造成永久性疤痕 • 失去自由，丧失家长的信任
使用安全的技巧来缓解痛苦	• 最大限度降低严重伤害风险 • 获得更多的自由和他人的信任 • 无需住院治疗	• 减少疤痕 • 无法逃避面对的问题和困难 • 感到情绪上的痛苦，但缓解效果不佳

认可和接受

治疗师通过认真对待青少年对其情感经历的描述来表示接受和理解。治疗师将通过以下现实情况来认可青少年的想法、感受和行为。

- 他感到非常痛苦。

- 他发现自伤很有用，可能不想放弃。

- 在他的生活中，他没有被别人理解或感觉被别人理解。

- 尽管在别人看来他很能干、很成功，但他仍然感觉很痛苦。

- 他找不到从痛苦中解脱的方法。

- 他可能不喜欢与他人（包括治疗师）谈论自己的自伤行为，因为他对此感到羞耻。

治疗师认可青少年的同时也意识到辩证看待自身行为的必要性，即治疗师要求青少年对生命和安全做出承诺，以便后续治疗的开展。

获得承诺

治疗师会要求有过自伤或自杀行为的青少年对他们的生命和安全行为做出承诺，并与青少年一起制订计划以确保生命安全。如果一名青少年在治疗期间一直不能建立活下去的信心，治疗师将使用承诺策略来获得一个月或直到下一次预约的承诺。如果治疗师无法获得承诺，那么可以判断青少年可能还没有做好接受治疗的准备。治疗师还会要求青少年承诺在发生任何自伤行为前给他打电话。

治疗师也会与青少年讨论，为什么他没有在过去的治疗中做出承诺，或停止其他治疗的原因。对于治疗师来说，重要的是获得青少年的承诺，投身于艰苦的治疗工作，并立即解决不信任和缺乏合作的问题。治疗师还需要了解青少年对治疗过程和正在接受治疗的看法，以尽量减少可能和潜在的干预治疗的行为。我们在前文中提过加布的例子，现在我们可以看看治疗师如何获取她的承诺。

对话：如何在开始治疗具有自杀倾向的青少年时获取承诺

治疗师：我理解你现在所处的困境。你想在学校继续学业，但是家长和学校都要求你回来接受治疗，你觉得脱离了学校环境会让你变得更糟糕。

加　布：没错！他们犯了一个大错误，等我回到学校，一切就会好起来的。

治疗师：正是为了能重返校园，你才需要接受治疗，如果你有兴趣的话，我很乐意帮助你。DBT 疗法帮助过很多企图自杀的人，它有很好的研究数据支撑。你想了解更多吗？

加　布：我想我没有选择。

治疗师：嗯，让我告知你更多信息，然后你再判断是否适合你。

加　布：好的。

治疗师：这种疗法非常重视生命的价值。我们的治疗团队致力于让你过得更好，但首先你得活着，只有活着才能配合治疗，你才能回到学校。我希望你在接受治疗的时候能确保活下去的信心。你愿意做出这样的承诺吗？

加　布：我觉得我真的不能保证，我是说，如果我根本不回学校了呢？我想我还是放弃吧。

治疗师：我知道这个要求很过分。你愿意承诺在接下来的六个月里活下去吗？反正在那之后你才会知道学校的事。

加　布：我想我能做到。

治疗师：这也意味着你能做出不再自伤的承诺。

加　布：什么？我想我做不到。

治疗师：这需要付出很多。

加　布：我是说，虽然现在我已经停止自伤，但我不能保证。

治疗师：在我们下次见面之前，你能不伤害自己吗？我们可以到那时再讨论这个问题。

加　布：是的，我可以。

治疗师：太好了。让我告诉你更多关于这种治疗方法的原
　　　　理……

治疗师会辩证地看待青少年做出不伤害自己的承诺这件
事，可能会做好再次发生自伤事件的准备，客观地研究分析，
让青少年学习如何预防后续事件的发生。

优先目标和目标设定

当治疗师开始治疗有自伤或自杀倾向的青少年时，最优
先的治疗目标是减少威胁生命的行为，增强青少年对活下去
的信心和行为的控制力（Linehan, 1993a）。

次级的治疗目标是兼顾保持与青少年的联系和坚定他们
对治疗的承诺。再次级的治疗目标是对青少年来说很重要的
生活质量问题，同时保持对消除危险行为的密切关注。例如，
加布可能专注于重返学校的目标，治疗师将对安全的承诺与
技能的获取和使用联系起来，作为达到目标的途径。

表 7–2 是关于帮助加布达到治疗目标的示例。

治疗师将与有自杀倾向的青少年一起确定治疗目标。从
下面的对话中，我们可以看到确定目标的过程。

表 7–2　具有自伤或自杀倾向青少年的具体行为表现及优先治疗目标

优先目标	具体行为
危及生命的行为	自杀行为
	自杀意念
	割伤
干扰治疗的行为	过早停止治疗
	自杀或自伤前没有和治疗师交谈
	不联系治疗师
影响生活质量的行为	和父母争吵
	对不安全的反应感到失望
	与男友的矛盾
	危险性行为

对话：帮助青少年确定目标

治疗师：我能问你一件事吗，加布？你刚才说你回到学校后一切都会好起来的。当情况好转时，还会改变什么？

加　布：差不多就是这样，我只需要回到学校。

治疗师：我想知道，当你过上自己想要的生活时，你会是什么样子。那么，你想要什么样的生活呢？什么能让你想活下去？

加　布：除了回到学校外，我想我的父母放手，让我过自己的生活。在那个完美的世界里，我想要一个充分尊重我的男朋友。

治疗师：好的，这很有道理。还有什么？

加　布：只有这些了。

治疗师：你没有提到任何关于自伤或自杀的事。

加　布：对，是的。如果一切顺利，我就不会有这种想法了。

治疗师：嗯，我想你是对的。我也在想，有时这些想法确实
会在人们的脑海中闪过，但如果你能拥有一个有效
的技能系统安全地度过这些时间，那就太好了。

加　布：那太好了。我是说，看看它给我造成的混乱。

治疗师清楚地界定了什么是"有价值的生活"（Linehan,
1993a），还明确提出了消除自伤或自杀行为的目标。

青少年的治疗目标

当加布接受治疗时，她和治疗师讨论她的担忧，以及她
希望看到自己生活中的哪些改变。她列出了以下治疗目标：

- 返校；
- 让她的父母不再担心她，这样她就可以做自己想做的事；
- 找到一个对她更好的男朋友。

治疗师的目标

治疗师将安全行为与这些目标联系起来，解释说，当她
能够以更安全的方法来排解自己的疼痛和情绪时，她将拥有
更多的自由，并重返大学。治疗师与加布共同制定了目标，
顺序如下：

- 消除自杀行为；
- 减少自伤行为；
- 运用技能管理痛苦的情绪；

- 让治疗师知道她什么时候产生自杀或自伤的想法；
- 减少危险的性行为。

治疗师知道，当加布能够实现这些可衡量的目标时，她将更有可能达到设定的最终目标。安全行为的目标既关系到对生命的威胁行为，也关系到影响生命质量的行为：当她能确保自身安全时，她就能回到学校，拥抱她想要的生活。知道这些行为是相互关联的，可以让治疗师从多个切入点来讨论治疗过程中的问题和成果。

保密

对于治疗师来说，另一个两难的问题是，如何通过遵守治疗的保密性来维持与青少年有效的、信任的关系，以及保护青少年不受其自身行为伤害。治疗师需要仔细考虑向家长透露青少年有过哪些自伤行为。虽然不需要与家长分享所有信息，但当青少年的自伤频率增多和程度加重时，治疗师会仔细考虑是否要通知青少年的父母或照顾者（Miller, Rathus, & Linehan, 2007）。

如果青少年有自杀倾向，或对自身安全造成严重威胁时，治疗师必须通知他的父母或照顾者，并且尽一切努力挽救青少年。

进行持续评估的工具和策略

以下行为分析和改变策略将与前文提到的认可策略相协调。虽然认可是必要的，但 DBT 从业者也将持续关注帮助青少年在生活中做出改变，以增加安全性。

每日日志

青少年填写的每日日志，每周治疗的时候都要带给治疗师，这有助于了解青少年的思想、情感和冲动的意识，以及它们之间的关系。这将使治疗师专注于达成优先目标。加布的日志包括与优先目标相关的内容，比如自杀的想法和冲动，自伤行为，还包括与家长争吵和发生危险的性行为等。治疗师在每次治疗开始时都要回顾日志，治疗过程将遵循第 3 章中列出的优先目标顺序。

链分析

治疗师对自伤或自杀行为进行链分析，深入了解青少年产生这些行为的前因后果（思想、情绪和触发因素），以及诱发行为的偶然性事件和给青少年带来的痛苦和伤害。加布自杀未遂的链分析是这样的：

> 我没有睡多少觉，因为我很担心我的男朋友，
> 我还担心我的考试，因为我没有时间复习。
> ↓

我压力很大，因为我和我的男朋友在吵架，他在指责我。

↓

我认为我毫无价值，永远不会和男朋友和好了。

↓

我感到悲伤和沮丧，不想去上课。

↓

我打电话给我的男朋友，告诉他我的感受。
他告诉我应该克服它，这让我感觉更糟。

↓

为了让自己能好受点，我去了他的宿舍。
他告诉我，他想分手。

↓

当我跑出他的房间时，我无法呼吸。
我的心怦怦直跳。我想，我的人生完了。

↓

我想，如果我死了，大家都会过得更好。
我的身边没有一个朋友的陪伴，我感到很孤独。

↓

我跑回自己的房间，想着自己有多受伤。

↓

我想，如果再也感受不到这种痛苦该有多好。
我几乎无法呼吸。

↓

我凝视着窗外。

我觉得我好像不能思考了。

我想结束这种痛苦。

于是，我从窗户跳了出去。

↓

我在医院醒来的时候，很遗憾我还活着。

↓

现在大家都担心我，我不能回学校了。

我想念我的朋友和学校生活，我讨厌我的父母如此沮丧。

链中的每一环都可以进行干预，以避免类似行为的发生。在这个链中，治疗师意识到男友的拒绝诱发了加布自杀的想法，但根本原因在于她无法承受的压力和无法体现的生命价值。青少年的决策能力受损与自杀行为有关（Bridge et al., 2012），通过进行链分析，加布可以有意识地注意到导致她自杀的想法和感受，以便她在未来再次出现这些想法和感受时做出其他选择，并认识到这么做会产生许多意想不到的后果，从而提高决策能力。这条链分析让加布和治疗师可以用过去的经验来审视自杀的企图，让他们有机会从经验中学习，也确定了如下几种可以教授的技能和使用的治疗干预措施。

- 正念技能，帮助加布认识到自身的缺点。
- 提前规划，改掉缺点。
- 当加布感到不知所措和情绪失调时，战略性地使用分散注意力和自我安抚的技能。

- 基于加布认为自己毫无价值的想法进行认知重组。
- 人际交往有效性技能，教加布如何平衡自己与身边人的需求和自尊。
- 小心翼翼地自我暴露痛苦的情绪，帮助加布知道她可以忍受它们，而不用寻求逃避它们的方法。

改变策略

当治疗师和青少年已经确定了需要改变哪些行为和认知后，治疗师就可以从各种 DBT 改变策略中选择：认知重组、自我暴露、构建外部环境进行应急管理和技能培训。

认知重组

在上面的案例中，治疗师与加布合作，转变她过去的认知——一个人是否成功，取决于考入某一所特定的大学，以及受到异性的关注和喜爱。治疗师将深入地进一步了解加布的想法，鼓励她使用认知疗法从其他角度考虑问题。

自我暴露

加布觉得如果没有"名牌"大学和异性的爱慕，她的人生就是不完整的，她就是一个失败者。治疗师可能会鼓励加布去当地的社区大学继续学习，一方面是为了保证学习的进度，另一方面是为了让她接触其他类型的学校。治疗师会向加布详细地解释这么做的原因，还会建议她暂停约会，这样她就能慢慢学会管理自己因为没有遇到合适的异性而产生的感觉。治疗师会注意让青少年自我暴露的界限，并教授管理这些感受的技能，同时认识到她之前所依赖的行为的冲动。

通过构建环境进行应急管理

当一个青少年试图自杀时，家长会产生很多反应和矛盾的情绪。这些反应和情绪会随着时间的推移而改变，具体如下。

- 对青少年"抛弃其所拥有的一切"的愤怒。
- 压倒性的担忧情绪导致青少年在任何时候都不能单独行动，并监控其与他人的所有交流。
- 孩子从大学休学回家，这影响了对孩子未来的规划和他们自己的计划。
- 尴尬的是，孩子辜负了他们的期望，不能顺利地完成学业，并进入职业生涯。
- 他们觉得这错在自己，他们不是称职的父母。
- 他们感到非常悲伤，因为望子成龙、望女成凤的梦想可能无法实现。

第一次经历孩子自杀事件的家长可能会非常伤心，因为他们需要认识且认可孩子情感上承受着巨大痛苦的事实。以加布为例，她经常有效隐藏了自己的痛苦，但是突然有一天，父母惊讶地发现了她真正的内心世界，他们可能不得不彻底颠覆以往对孩子的看法，这可能是一个缓慢而痛苦的过程。

认可家长

治疗师或家长教练需要认可家长的痛苦和困惑。治疗师可以通过以下几点来认可。

- 在孩子自杀未遂之前，家长已经尽了最大努力去了解孩子，以及如何养育孩子。
- 他们很害怕，担心孩子会发生什么意外。
- 他们感到孤立无援，担心别人的看法。
- 因为生活没有如他们所愿而感到悲伤。
- 他们担心孩子不可能会变成曾经期待的样子。
- 他们需要努力接受孩子的青春期。

家长的目标

家长的经验将帮助他们通过明智的思考而不是情绪来有效地构建环境。家长需要解决这一矛盾，既要努力保护孩子的安全，又要提醒自己不能控制孩子生活的方方面面。他们会尽量减少自己的情绪反应，不至于给孩子造成压力。家长的目标与治疗师的优先目标要保持一致：维护安全，鼓励和支持他们的孩子参与治疗，致力于让孩子回到学校或鼓励其社交生活。家长可以按照以下方式构建环境。

- 他们将提供尽可能多的安全感，以避免孩子自杀或自伤的可能性。
- 他们会增加对孩子的支持（比如加布重返学校的愿望），分担孩子的担忧和痛苦，不对其进行评判或指责。
- 他们会鼓励和支持孩子使用分散注意力和自我安慰的技巧来应对困难。
- 他们会鼓励孩子与治疗师交流，但不会详细地谈论痛苦的情况（这可能会触发更多的情绪，而不是减少它们）。
- 他们尽量不过度干涉孩子的生活，因为这可能会让孩子觉得自己的需求和担忧是无用的。相反，他们会试图找到中间立场，既对孩子的自我伤害保持警惕，同时也尊重其自主权。
- 他们会有策略地减少对自伤行为的反应或关注。
- 当孩子的行为举止安全且适应环境时，他们会花更多的时间陪伴孩子。

技能培训

有自伤或自杀行为的青少年会被推荐到技能培训小组，学习理解和安全地管理其痛苦情绪所需的技能。技能小组组长将快速地回顾每日日志，以评估小组的安全性，并阻止讨论过去一周的任何自伤的行为。当团队中新加入有过自杀行为的青少年时，这时主持人是很有帮助的。如果青少年在困境中脱离了群体，则主持人可以陪同，以确保青少年的安全。

主持人非常小心，不会把注意力放在青少年的安全评估之外，并试图让青少年回到群体中，以免无意中强化他们离开群体的行为。技能促进者将负责加强适应性行为和维护安全。

DBT 中的所有技能（Linehan, 1993b）对有过自伤或自杀行为的青少年都有价值，如表 7–3 所示。

表 7–3   **DBT 技能与青少年的自伤或自杀行为的相关性**

技能	与自伤或自杀行为相关
正念	• 教导青少年感受到情绪的变化，但不采取对应的行动，这有助于技能的发展 • 建立一个延迟来对抗自伤的冲动
痛苦耐受性	• 教授替代自伤和自杀行为的方法 • 使青少年能够忍受困难时刻而不自伤 • 简单易学的、青少年能够自我强化的技能
情绪调节	• 能够理解情绪的目的和价值 • 增强对产生自伤冲动前后一连串事件的理解 • 加强对情绪的控制 • 通过提前计划、安全应对和必要时采取相反的行动，协助管理触发因素
中间路径	• 认识事物的两面性 • 强调改变，永远怀抱希望 • 人人都可以有自己不同的观点 • 接纳自我和他人
人际关系的有效性	• 教导青少年如何更巧妙地满足他们的需求，从而减少压力和孤立 • 鼓励青少年以自己的行为方式增强自尊心，从而最大限度地减少无价值感

最初为有自杀念头的儿童开发的、对青少年有用的两项

额外技能，可以在技能小组或个体技能训练中教授（Stahl & Goldstein, 2010; Perepletchikova et al., 2011），考虑到冲动和自伤行为之间的关系，"停下来"是一项关键的痛苦耐受性技能：

- 停！不要动，中断事件链；
- 后退一步，从新的视角看待问题；
- 观察正在发生的事情，不带偏见地关注事实、你的想法和你的感受；
- 谨慎行事，专注于你的长期目标，并考虑从长远的角度来看怎样能让事情变得更好。

第二种技能叫作"开怀大笑"（Perepletchikova et al., 2011）。它是一种情绪调节技能，专注于创造有价值的生活并享受生活：

- 放下烦恼；
- 专注自我；
- 使用应对技能；
- 设定目标；
- 玩得开心！

布置课外作业

治疗师可以在治疗间隙给青少年布置特定的任务。在加布的案例中，她认为睡眠不足是一个引起自杀风险的因素，所以治疗师可能会要求加布记录睡眠日记，以跟踪睡眠不足对她情绪的影响。

治疗师也可以鼓励加布每天在课下练习一种特定的痛苦耐受性技能，比如练习正念，以培养她的自我意识和专注于当前的能力。这些任务用于加强技能培训的某些特定技能。

电话指导

理想情况下治疗师应该 24 小时为有自伤和自杀倾向的青少年提供电话辅导。如果青少年无法用电话联系治疗师，则应该为他们提供其他联系方式。在治疗开始时，青少年通常不会一直使用电话指导，需要让他们知道适度的电话指导对行为塑造将是重要和必要的。

当青少年打电话时，治疗师会评估其自杀倾向，并采取任何必要的行动来保证青少年的安全（包括联系他的家长）。然而，我们的目标是指导青少年使用 DBT 技能平稳度过这样的时刻，而不是让情况变得更糟。如果有必要的话，治疗师需要青少年做出对安全的承诺，并承诺如果其再次开始感到自我伤害或自杀的压力会回电话。

总结

在本章中，我们讨论了当青少年出现自伤和自杀行为时，

DBT从业者如何提供治疗。从全面评估到链分析和每日日志，治疗师一直在寻求理解青少年行为的作用和意图，同时使用改变策略（认知重组、自我暴露、构建环境的应急管理和技能培训）和电话指导，以帮助青少年维护安全和实现他想要的生活。我们已经解决了青少年所处的一些困境，并提供了指导，DBT从业者需要保持对接受和改变青少年之间的平衡，同时在任何时候都优先考虑青少年的生命安全。

第8章
孩子出现物质滥用，该怎么办

易冲动的情绪特质和管理情绪的困难，导致了美国青少年中普遍存在的药物滥用行为（Bornovalova, Lejuez, Daughters, Rosenthal, & Lynch, 2005; Davenport, Bore, & Campbell, 2010）。因此，如果一种治疗方法能够解决情绪失调的问题，那么它对清除青少年的药物滥用障碍也会特别有效。

当青少年使用对生活质量有负面影响的药物成为一个问题时，家长肯定希望杜绝此类问题的发生。但是，这通常不是青少年所希望的。所谓近墨者黑，他们的药物滥用行为容易受同龄人强化，以便能够立即缓解痛苦，虽然只是暂时的。DBT从业者将注意力集中在此种行为的功能上，同时通过解决与青少年相关的问题来吸引他们。与此同时，DBT从业者不断寻找机会来解决可能导致使用药物的情绪和问题解决需求。对于从业者来说，重要的是不做评判和假设，直接与青少年一起寻求对问题的理解，并致力于改变。

从业者注意到，那些出于好奇并浅尝辄止试用药物的青少年和自行使用药物管理情绪的青少年之间存在差异。DBT是一种双重（或三重，或更多）诊断治疗方法，存在焦虑或人格障碍的青少年滥用药物后对 DBT 的反应最大。如果青少年从来没有尝试过 DBT 治疗，或者情绪失调不是药物滥用的一个主要原因，那么在实施 DBT 之前，从业者会考虑成本更低、强度更低的治疗方法。

为了说明 DBT 对有药物滥用行为的青少年是如何起作用的，我们来看看詹姆斯的示例。

> 詹姆斯 15 岁了，他在 30 个月大的时候被收养，在收养之前他可能遭受了严重的虐待。詹姆斯的药物滥用行为已经有一年多了，他说这样他才能"冷静"下来。此外，他还经常跟其他逃课、学习成绩差的男孩在一起玩，他的学习成绩急速下降。他的养父母表示非常担心他在学校的糟糕表现；他们还指出家里的酒和钱有丢失的情况，还在詹姆斯的房间里发现了大麻。詹姆斯否认从家里偷过东西，并对养父母的这些指控感到愤怒。他说，他吸食大麻和饮酒都是可控的，如果失控，他肯定会戒掉。虽然他认为自己的状态没有问题，但他确实对自己下降的成绩有些担忧，这可能会影响他两年后上大学的计划。养父母让他参加了当地的一个药物治疗项目，但他因为继续服用药物而被迫中断治疗。詹姆斯的养父母说，如果他不能成功戒断药物，将计划把他送走。詹姆斯说，一旦发生这种情况，他会逃跑。

理论辩证法

DBT 的独特之处在于综合矛盾对立的观点，在药物滥用治疗方面尤其如此。DBT 从业者要求青少年戒断药物，并且客观看待复发的情况，自然地将其作为治疗的一部分。有些药物滥用者可能不需要戒断反而要利用其功能；然而，这是最初的目标。当青少年不可避免地使用药物时，可以通过链分析解决复发的预防问题。

减轻伤害是药物滥用治疗的中间路径（Blume，2012）。这种方法承认，DBT 从业者可能无法有效地完全消除药物的使用，它支持朝着更安全、减少药物使用的方向努力，以便不再影响实现目标或生活质量。虽然这种方法在 DBT 中没有被明确采用，但 DBT 从业者将采取能够使青少年有所改变的方法，同时始终保持对药物成瘾的关注。

据说吸毒的人处于"成瘾心境"，他们的思想、情绪和行为都受到药物的控制。随着戒断，青少年就处于"戒除心境"，他看起来很自信，但他仍然容易受到触发因素的影响，无法给出应对策略，也意识不到滥用和成瘾的"狡猾"本质，这样的青少年特别容易重蹈覆辙。DBT 将"成瘾心境"和"戒除心境"辩证合成为"清醒心境"。处于"清醒心境"的青少年将不会滥用药物，同时充分警惕和意识到复发的高风险，他还将学会有效管理痛苦的技能（Dimeff, Koerner, & Linehan, 2008）。

案例概念化和目标设定

关于药物滥用的 DBT 表述是，一名有情绪失调和对情绪状态高度敏感的青少年，很可能将药物滥用作为一种管理或逃避困难情绪及想法的方式。青少年通过使用毒品和酒精暂时缓解痛苦的情绪，尽管它并没有解决根本问题。然而，当其他人把药物滥用定义为另一个问题时，青少年会觉得他至少很好地处理了情绪方面的问题。

在图 8-1 中，我们看到詹姆斯的情绪失调（问题的根源）、药物滥用（导致詹姆斯生活中大多数行为困难和负面后果的问题）、学业问题和紧张的家庭关系（詹姆斯认为最紧迫和最直接的问题）以一种动态的方式在相互作用、相互促进，这些因素都在詹姆斯经历的困难中发挥了作用。治疗师在帮助詹姆斯做出改变时，需要牢记每一个要点。

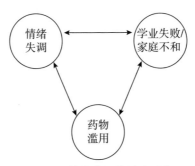

图 8-1　情绪失调的影响因素

表 8-1 帮助治疗师敏感地认识到这些药物滥用行为对青

少年的影响，以及他为什么不能轻易戒断以保持头脑清醒的内在困难。

表 8–1　　　　　　药物滥用和戒断药物的积极和消极影响

行为	积极影响	消极影响
药物滥用	• 让青少年从痛苦的想法和感觉中解脱出来 • 减少社恐反应 • 增加社交，更好地融入同龄人	• 家庭关系复杂；缺乏父母的信任，导致自由的减少和管制的加强 • 在学校出现问题，比如成绩差和行为困难 • 增加法律问题的风险
戒断药物	• 避免法律问题 • 减少家庭问题，从而获得父母更多的信任 • 提高青少年在学校的能力表现	• 需要直面问题和困难，不能逃避 • 让青少年感受到痛苦 • 可能会给当前的同龄人群体带来更多困难

　　当 DBT 从业者认识到并认可，药物滥用能够减轻青少年的痛苦，并且青少年可能会因此拒绝改变时，这对药物滥用的青少年将是最有效的。治疗师将从青少年的治疗目标出发，通过与青少年合作，将实现这些目标与减少药物使用联系起来。

认可和接受

　　当治疗师认可青少年时，他会让青少年知道他很认真地对待他、接受他。他理解青少年的以下感受和经历。

- 他感到被误解了。
- 他可能会对别人试图改变他的行为感到愤怒。
- 他可能难以控制强烈的情绪。
- 当他使用药物时，他会感觉良好并喜欢上这种感觉。
- 他喜欢他的朋友，即使他的父母不喜欢他们。
- 他的目标可能与父母的目标相冲突。
- 他可能不喜欢与治疗师会面。

当与詹姆斯交谈时，治疗师会以这样的方式表达对他的认可。

治疗师：从你的角度来看，做这样的事能让你和朋友出去玩，远离父母和学校。

詹姆斯：是的。

治疗师：你觉得你从来没有因此和警察发生过冲突，一切都在你的掌控之中。

詹姆斯：对啊。

治疗师：那你认为药物滥用和饮酒的坏处是什么？

詹姆斯：没什么，真的……就是想试一试。

治疗师：所以在某种程度上，只是为了放松情绪，但它引起了家庭矛盾，使你不得不来接受治疗。

一开始，治疗师强调詹姆斯的行为影响的两面性，即积极影响和消极影响。在与青少年建立关系，消除其对药物滥用的戒心之后，治疗师将引导青少年看到药物滥用的进一步影响。

优先目标和目标设定

治疗师在初步评估青少年的情况后制定治疗目标。在指导治疗的过程中，DBT从业者承担起认可、接受和阐明青少年目标的任务。

在上面的示例中，治疗师认识到詹姆斯没有危及生命的行为，应着重完善药物滥用链分析，同时强调持续滥用药物所扮演的核心角色及其功能的影响。

随着治疗的深入，治疗师将要求青少年不断加大戒断强度，竭尽所能戒断药物。DBT与其他药物滥用治疗方式不同，不会一味地进行治疗，不强制青少年戒断。如果一名青少年在药物的影响下参加治疗，治疗师会将其视为一种干扰治疗的行为，因为它使青少年更难专注于治疗。如果这种行为难以改变，青少年将被警告并进行链分析。如果青少年在后续的治疗中一直没有摆脱药物的影响，则将由治疗师自行决定青少年是否已受到严重影响而不能参与治疗。如果是这种情况，治疗师可能会提前结束治疗（但前提是不会让青少年因此逃避治疗）。在大多数情况下，治疗师将坚持不懈地通过认可青少年来追求改变，同时完成干预治疗行为的链分析。

影响青少年生活质量的目标行为，也就是那些妨碍詹姆斯过上他和养父母希望拥有的美好生活的行为如下所示。

- 在他的房间里有违禁药品。

- 成绩不佳。
- 偷家里的东西。

当治疗师与有药物滥用行为的青少年合作时，将根据DBT方案确定优先治疗目标（因为它们主要与干扰治疗和影响生活质量的行为相关）。对于治疗师来说，对青少年保持尊重和认可的态度是至关重要的，只有这样才能有效地建立和解决目标行为。

对话：帮助青少年确定目标

治疗师：我听说你的父母认为酗酒和药物滥用是个问题，而你却不这么认为。

詹姆斯：（点头。）

治疗师：你的养父母说，如果你不戒药戒酒，他们就会把你送走。

詹姆斯：如果他们那样做了，他们会后悔的——我会逃跑，再也不回来。

治疗师：而且你想在学校重回正轨……让你的成绩回到以前的水平。

詹姆斯：对，这是最主要的，我想要让我的成绩回升。

治疗师：那么让我问你一个问题，当事情发生了某种变化，促使你接受治疗的问题得到解决时，你会有所转变，对吗？

詹姆斯：我想是的。

治疗师：你会在哪些方面发生转变呢？当你的问题被解决时，
　　　　你会做什么不同的事情？

詹姆斯：嗯，我想我不会经常和父母吵架了。

治疗师：真的吗？你还会做什么呢？

詹姆斯：和他们好好相处，一起度过美好时光，比如我们看
　　　　电视的时候。

治疗师：好的，你还会做什么？

詹姆斯：可能要多做点功课。

治疗师：还有什么？（将继续对话，詹姆斯陈述他想在自己
　　　　的生活中看到的变化。）

青少年的目标

当治疗师和詹姆斯一起探讨如何让他的生活感觉更好
时，詹姆斯列出了以下这些目标。

- 取得更好的成绩。
- 与养父母相处得更好。
- 确保养父母不会把他送走。
- 让养父母更加信任他，这样他们就不会再烦他了。

治疗师的目标

治疗师将把戒断药物的目标添加到目标列表中。如果詹
姆斯没有表现出合作的意愿，那么他会将其确定为治疗师的
目标，正如我们在下面的对话中看到的那样。

对话：增加戒断药物使用的目标

治疗师：詹姆斯，我知道你想让情况好转，你设定的都是很
　　　　好的目标。但是，我还想让你知道，根据我们见面
　　　　聊的情况，你符合药物滥用（或依赖）的标准，这
　　　　会使你在学校和家里的情况更糟，而这些情况还会
　　　　让你想要使用更多。我建议你戒断药物，你觉得呢？

詹姆斯：没有办法。如果你认为我能戒掉，那你真是疯了。

治疗师：我认为当你这样做的时候，一切才能变得更好，我
　　　　也理解这不在你现在的目标清单上，我想把它加到
　　　　我的目标列表里，是我加的，不是你。好吗？

治疗师的辩证理论

　　DBT治疗师的辩证理论是，治疗的最终目标是戒断药物，
如果治疗师在青少年准备参与治疗之前就推进这个目标，青
少年可能会放弃治疗。因为随着时间的推移，詹姆斯生活中
的其他问题与药物滥用问题会相互影响。治疗师将在接受青
少年认为重要的目标与寻找机会使其戒断药物之间取得平衡
（通过谈论他的成绩和家庭关系可能会受到他滥用药物的影
响等）。慢慢地，詹姆斯和治疗师会将药物滥用与影响长期目
标的实现联系起来。

　　对于治疗师来说，以一种确定和客观的方式对青少年阐
述显而易见的事实是很重要的，即药物滥用确实是一个问题。
为了有效地做到这一点，治疗师需要花相当多的时间让詹姆

斯参与治疗。一开始，他可能会考虑通过做简单的链分析来慢慢引出关于药物滥用的问题讨论，如果詹姆斯不愿意在治疗师的办公室会面，就争取与他在其他地方见一面（如咖啡店），并且可以调整治疗疗程的长度。在他错过会面时联系他，经常做出对詹姆斯和这段关系的承诺（McMain, Fayrs, Dimeff, & Linehan, 2007）。

获得承诺

　　一旦确定目标，治疗师将希望能够与詹姆斯共同协作开展治疗。

治疗师：詹姆斯，你知道有趣的是什么吗？通常，人们滥用药物的原因与他们来咨询的原因相同，就是想要有更好的感受、换一种思考的方式或者改变自身的行为。

詹姆斯：好吧……

治疗师：药物能在短期内达到这个效果，但为了维持功效，人们会持续使用药物。DBT 治疗是为了以一种更持久的方式解决同样的问题以达成目标。

詹姆斯：这？

治疗师：所以我想知道你是否愿意尝试一下这种疗法？

　　博尔诺瓦洛娃和她的女儿们（Bornovalova et al., 2007）提出，可以通过以下三方面预测药物滥用者在 DBT 中是否会放弃治疗。

- 缺乏改变的动力。
- 不能充分配合治疗。
- 无法忍受痛苦。

有经验的 DBT 治疗师通过使用一系列 DBT 承诺和改变策略来让青少年参与治疗解决上述问题（Linehan，1993a），包括强调选择接受治疗的自由，以及不会给予替代治疗（监狱、寄宿学校或住宿治疗）的机会，从而给青少年带来希望。"希望"在这里指的是青少年对美好生活保持坚定乐观的态度和坚持不懈的追求。

不断发展的评估工具和策略

治疗师将使用每日日志和链分析来洞察和理解青少年的目标行为，将得到的信息用于指导后续治疗。

每日日志

每日日志适用于药物滥用的青少年，针对青少年选择药物的想法、动机和用途，还可以添加特定的项目。青少年需要记录自己的药物使用情况，治疗师每周都会检查。对于那些担心被家长看到日志而招致惩罚的青少年，治疗师会向他们的家长强调日志是保密的，只有在青少年允许的情况下才可以查阅。

链分析

根据前述，詹姆斯没有任何危及生命的目标行为，如果有的话，治疗师将把目标先对准那些行为，然后是影响他生活质量的行为。任何药物滥用、偷窃、撒谎、攻击或其他妨碍青少年居家生活和学校生活的行为，都会被视为影响生活质量的行为。治疗师总是在寻找把事件串联起来的契机。

从下面的分析可以看出，詹姆斯最初拒绝在他的每日日志上记录药物的使用情况，所以治疗师建议记录成测试失败。治疗师意识到，参与权力斗争将对治疗产生反作用，应该专注于寻找将药物滥用与测试失败联系起来的方法。下面的链分析说明了青少年使用药物与药物如何干扰他的目标，同时缓解痛苦三者之间的联系。

问题行为：测试失败

我的朋友们想让我一起参加聚会。

↓

我跟养父母说我想去，他们说我需要学习，不能去。

↓

我认为他们没有权力控制我的生活。

↓

我想，他们不了解我。

↓

我对养父母给我施加压力很生气，我开始担心这次测试。

↓

我想到我的朋友们，如果这次不去，我将不再被邀请参加其他的聚会。

↓

我感到焦虑，我的心跳开始加速，我想逃走。

↓

我离开家，打电话给我的朋友，让他们来接我。

↓

我在聚会上吸食大麻了。

↓

我觉得很放松，很开心。

↓

我没有控制住自己的行为，我感到尴尬和羞愧。

↓

养父母很生气，威胁要把我送走。

↓

我感到更加焦虑、内疚和愤怒。

↓

为了感觉好一点，我还想吸食大麻。

　　从这条链中能看到各种各样的问题，并且持续的连锁行为实例将强调治疗詹姆斯的模式、问题和必要的改变策略。这条特殊的链确定了詹姆斯在治疗中需要学习如下重要技能。

- 学习正念技能以提高有效行为。

- 与朋友和家人相处时使用的自信技能。

- 认知重组，以帮助他理解养父母。

- 用于焦虑管理的情绪调节和痛苦耐受性技能。

- 当他面临冲突时，提前给出对策的技能。

- 学会理解原发情绪和继发情绪之间的区别。

- 帮助他理解行为概念，让他知道错误的行为是如何自我
  延续和自我强化的。

在对詹姆斯的链分析中，站在他的养父母的角度考虑问题，可以帮助治疗师或家长教练以不同的方式构建环境。重要的是要记住，每名青少年在每条链上都有一组特殊的关联。

改变策略

治疗师将利用行为分析和结果评估来选择改变策略，以鼓励詹姆斯和他的家人更有技巧地处理导致药物滥用的问题。通过这些改变策略，詹姆斯将学会使用更有技巧的方法来管理情绪和应对困难。

通过构建环境进行应急管理

对詹姆斯的养父母来说，有个一对一的家长教练可能是最有帮助的，能够使他们真正关心的问题得到理解，为他们

创造一个加强学习和强化有效行为的环境，同时最大限度地
减少无效反应和惩罚的威胁。家长将与教练一起在行为和思
想上做出以下改变，以便在与孩子互动时发挥更大作用。

- 在詹姆斯经历情绪失调的痛苦时，接受并认可他已经
  "竭尽所能"。
- 认识到詹姆斯需要他们的鼓励和支持以达到改变的目标。
- 制定关于如何建造更安全稳定的家庭环境的具体指导
  方针。
- 当詹姆斯做出无效的选择和决定时，顺其自然地接受产
  生的后果。
- 顾及自己的需求，专注做一些能让自己开心的事，这样
  他们就不容易受到詹姆斯的情绪和行为的影响。
- 注意自己的反应，以及何时需要走开，直到他们能与儿
  子更有效地沟通。
- 相信詹姆斯能为自己的行为及其产生的后果负责，认识
  到他们能控制的范围是有限的。
- 意识到他们在发现问题时不必立即做出反应，花时间一
  起思考和交谈通常可以帮助他们给予更有效的反馈。

家长教练还将帮助家长制定构建环境的策略，可以利用
一些行为上的改变和策略，如下所示。

- 签订一份协议，赋予额外的特权和自由，不断加强詹姆
  斯的学习和表现，而不是用剥夺特权来惩罚成绩差的人。

- 鼓励他参与治疗。
- 肯定詹姆斯想和朋友在一起的想法，理解他在无法达成目标时产生的负面情绪。
- 及时帮助詹姆斯做舒缓愉快的活动，使他能够处理困难的情绪，培养能力意识。
- 鼓励并使他能够在必要时花时间照顾好自己或打电话给他的治疗师或教练。
- 帮助詹姆斯与学校配合，确保他的课业负担不会太重，让他可以在没有额外焦虑的情况下完成学业。
- 承认并尽量减少让詹姆斯额外参与更多会引起焦虑的活动。

　　一些家长想知道他们是否应该对自己的孩子进行药物测试。如果家长正在强化清醒，他们可能需要一个客观的方法来评估这一点。然而，青少年有许多方法来"赢得测试"，这往往使测试无效。通常更有效的方法是关注青少年的其他行为，如愤怒是否减少和在学校是否表现得更好，并强化它们，而不是对青少年直接进行药物测试。

治疗师的意外事件

　　治疗师将尝试制造意外事件，以强化或削弱相一致的行为。这可能包括赋予青少年在家里的特权，奖励礼品卡、奖品和证书；或在技能小组取得成就的其他象征性物品；或在治疗过程中给予额外的热情回应。治疗师将给予詹姆斯更多时间用于讨论那些之前未曾提及但很重要的学校、家庭方面的问题，以强化药物的戒断反应。

技能培训

在技能培训环节，从业者将向一个有药物滥用问题的青少年传授所有的 DBT 技能。个体治疗师将专注于应用与青少年最相关和最有帮助的技能。

研究表明，青少年缺乏痛苦耐受性与酗酒和药物滥用有关（Howell, Leyro, Hogan, Buckner, & Zvolensky, 2010; Buckner, Keough, & Schmidt, 2007），因此，痛苦耐受性的技能特别受重视。詹姆斯需要注意引发药物滥用冲动的想法和感觉，以及如何使用痛苦耐受性的技能来对情绪进行管理；他还需要接受偶发性的行为，不断建立和强化自己的纪律意识，为顺利完成学业和拥有美好生活做准备；他还可以通过分析发生在自己身上的情感小故事，来理解施加给自己的压力如何引发了脆弱和强烈的情绪；他还将学习评估自身行为在被触发时的积极和消极影响的价值。随着时间的推移，詹姆斯将学会做出更有效的决定，重返正轨，看到希望。

正念技能对治疗药物滥用至关重要。正念教导青少年注意自己的思想、感受和冲动，但不受其影响；这使得青少年有更多的机会接触到以前可能只在使用药物之后才会出现的想法、冲动和感觉。通过这种方式，正念允许青少年不断地进行体验，并最终习惯化——这减弱了它们作为先前药物滥用诱因的力量。

在 DBT 中，还有一些别的技能（Dimeff & Koerner, 2007），如下所示。

- **抑制冲动**。引导青少年注意到内在的冲动，然后跳脱出来，观察它们，但不采取后续的行动。这可以通过注意到想要动一动、挠一挠、看一看等冲动来练习。这项技能基于正念，有助于青少年培养自控能力，使青少年了解到，如果他不立即处理冲动或采取行动，这种冲动通常会慢慢消失。
- **换一种叛逆方式**。青少年经常反抗现状，而药物滥用满足了这种需要。青少年可以通过其他"叛逆"方式来替代药物滥用，比如选择父母可能不让穿的衣服，用不礼貌的方式回应他人，非常大声地播放音乐等。
- **避免触发诱因**。触发因素以链的形式被识别出来，治疗师让青少年避开这些触发因素（在 12 步计划中被称为"人、地点和事物"）。
- **破釜沉舟**。这是一种提前应对技能，也用于 12 步计划中。青少年被鼓励删除手机上不必要的联系电话，扔掉房间里不必要的物品等。

加入技能小组可以对那些犹豫不决或抗拒停用药物的青少年产生巨大的影响。青少年在成长过程中易受同伴压力的影响，他们在技能小组里能接触到那些更有动力去改变和在教授技能方面发挥引领作用的同龄人。因此，一名药物滥用的青少年将受益于技能培训小组。

认知重组

詹姆斯可能会有这样的想法："我不能错过聚会——如果我不去参加聚会，我的朋友们还是玩得很开心，但以后不会再邀请我了，我的家人不会在乎我的这种感受"或者"我不能没有大麻"。他将被鼓励挑战这些固有的观念，检验证据，并使用认知技巧采纳不同的观点。治疗师将毫不留情地验证和挑战詹姆斯的这些结论。

对话：认知重组

治疗师：你认为如果你错过了太多集体活动，你就会失去朋友，这是你让我这样认为的，但与此同时，我想知道情况是否真的如此。你有证据支持这种观点吗？

詹姆斯：没有，只是一种感觉。

治疗师：也就是说，这只是你的一种想法——你担心如果你错过了一个聚会，将导致你的朋友们离开你、忘记你，对吗？（治疗师澄清了想法和感觉的区别。）

詹姆斯：是的。

治疗师：我想知道你是否愿意验证一下这个想法。（治疗师将制订一项治疗计划，以验证詹姆斯的想法。）

自我暴露

归根结底，DBT 疗法主要依赖于来访者的自我暴露。詹姆斯有喝酒或药物滥用的冲动，这非常类似（或实际上可能就是）一种强迫症。治疗师会寻找机会来解释强化和消失的模型，比如了改变行为而战略性地取消奖励；努力支持詹姆斯，让他比平时更久地克制自己的冲动，让他有机会使用技能管理自己的情绪。

当青少年出现情绪失调时，药物滥用是一种非常有效的逃避痛苦情绪的方式。在治疗中，他可能会转变话题，避而不谈那些让他焦虑的事情，比如讨论他的学业或未来。他会把重点放在他的家人如何不理解他，并且更难面对自己对自己所做选择的担忧。这种疗法本身就是一种自我暴露，治疗师可以做以下几件事。

- 认可青少年的担忧，温和地引导他谈论那些导致他变得情绪失调的问题。
- 鼓励青少年"直面"这些感觉，而不是想出一个"快速解决"的答案，让他在焦虑、愤怒或悲伤时迅速感觉好起来，从而增加对痛苦的容忍度。
- 帮助青少年意识到自己的身体感受和想法，以此作为一种更了解这些线索的方式，帮助他学习管理自己的情绪，并帮助他认识到身体感觉对情绪和冲动的影响。
- 帮助青少年使用他在技能训练中学习的技能，帮助他安

235

抚自己，然后恢复情绪。

当青少年知道他不必逃避，可以安全地管理自己的情绪时，他会被鼓励在有冲动的时候运用这些技巧。只要治疗师向他们公开透明、完整深入地解释整个过程，就有成功的可能。

电话指导

一直以来，电话指导（给治疗项目的发起人或朋友打电话）都被 12 步计划用作防止来访者病情复发的有效工具。DBT 认识到青少年在自然环境中可能会不知所措，并鼓励他在被触发时打电话给治疗师进行指导。智能手机上有许多指导应用程序（PTSD Coach, DBT Coach 等），一项试点研究表明，使用 DBT Coach 尤其能降低情绪强度（Rizvi, Dimeff, Skutch, Carroll, & Linehan, 2011）。

总之，电话指导的实用性（即使青少年很少使用）显示了治疗师对来访者的承诺，它也有助于重建希望以及与治疗师的联系。

增值服务

DBT 的重点始终是做能够有效地帮助青少年的事情。考虑其他可能对青少年有帮助的服务是很重要的。

12 步计划

12 步计划对那些想要有所改变的人特别有效，许多加入计划的青少年取得了显著的进步。12 步计划的许多理念与 DBT 的技能和概念重合（彻底地接受、认可、修复、正念、管理冲动、建立支持网络、提前应对、识别触发因素、分散注意力、做出贡献等）。虽然许多青少年能很快地融入这些项目，但也有许多人不能。我们鼓励青少年接触这些计划，并接受他们的任何反应，无论是积极的、消极的，抑或是中立的。

替代药物

替代药物通常用于严重依赖兴奋剂、麻醉品或抗焦虑药物的青少年。目标是在青少年接受治疗的同时，对他们一直通过药物滥用来解决的症状进行医学管理。而且，随着治疗的进展，当青少年在技能和整体治疗方面取得成功时，逐渐减少替代药物的使用。

总结

本章讨论了当青少年滥用药物时，如何使用 DBT 帮助他调节或逃避痛苦的情绪。即使青少年否认药物滥用是一个问题，治疗师也可以用一些方法进行认可。治疗师需要接受青少年所处的困境，认可他最初设定的目标，使青少年能够参与到治疗过程中来。青少年的参与度和他对治疗师的信任度，影响他承认药物滥用的负面影响的程度，将青少年药物滥用与生活中的问题联系起来，并采用更多的适应性行为来取代它。

第9章
孩子出现焦虑、强迫行为，该怎么办

　　青少年普遍存在焦虑情绪，尽管表现出的个体症状可能不尽相同，但青少年感受到的生理和情绪强度大体一致。青少年的焦虑表现为持续地担忧或害怕，特定的恐惧导致对特定情况的回避，持续地警戒或做噩梦，或出现强迫行为，通常采用认知行为疗法治疗。然而，当标准的认知行为疗法或其他循证疗法不起作用时，青少年会被建议采用DBT治疗，因为它强调培养正念、承受痛苦和其他技能，也因为它的多次成功经验。DBT是一种基于自我暴露的认可方法，它帮助青少年理解、回应并最终有效地管理他们的焦虑情绪。DBT重在接受与改变的过程中保持平衡，是一种有效治疗青少年焦虑症的方法。

　　焦虑的青少年通常会经历强烈的情绪反应，渴望逃避那些不舒服的感觉，这与DBT最初治疗的个体特质是一样的。当青少年有焦虑驱动的行为时，逃避本身可能就是症状，青少年可能不会诉诸有害或危险的行为。相反，青少年可能会避免或过度关注可能产生强烈情绪的情况，从而限制了他的活动和充分体验生活的能力。DBT将帮助青少年学习如何管理焦虑情绪，这样他就可以体验那些让他重获新生的活动。

此外，有焦虑驱动行为的青少年的生活可能会受到严重影响，他们可能会充满羞愧和尴尬的感觉，导致难以信任治疗师和坚持治疗。DBT 优先考虑治疗影响青少年治疗和生活质量的干扰行为，帮助青少年对投入治疗和在他们的生活中做出积极改变的承诺。

在一些青少年中，焦虑的本质和由此产生的逃避会让他们的症状看起来不那么明显。青少年能够通过强迫性的想法、强迫性的仪式和对自己的高期望来隐藏他们的焦虑，并通过寻找看似合理的借口来逃避或结束导致焦虑的情况。青少年的焦虑可能在达到如下的一定程度后，才被人注意到。

- 经历了在情感上无法接受的失望，青少年无法以健康、适应的方式继续忍受这种失望。
- 无法达到自己的期望。
- 沉迷于各种重复性的强迫行为，在家里或学校里变得有破坏性。
- 停止对青少年来说很重要的活动。

有些青少年可能在他们的生活中表现出焦虑的迹象，比如难以适应新环境，或者出现强迫或回避行为。无论青少年表现出焦虑的外在迹象是长期积累的还是最近表露的，这些行为可能都会使父母、老师和其他可能建议治疗的人感到困惑。索尼娅的情况就是这样。

索尼娅才 15 岁，她的父母很担心她，自从她三个月前得了流感以后，她每周都有两三天因为胃疼缺课。索尼娅在病愈重返学校的时候，曾经恐慌症发作，从那以后她就一直没有上过学。医生已经排除了她患身体疾病的可能。索尼娅有放弃和退出社交活动（社团和体育活动）的过往，并有短暂的强迫行为史，比如拔头发、咬指甲等。她只有一个好朋友。她的父母说，她一直很害羞，她需要很长时间来适应新的环境和新的人。她对之前的治疗不予理会，当她被要求上学时，她开始对自己的焦虑情绪做出反应，即她开始对周围的人进行越来越多的言语攻击和谩骂，于是她被转诊 DBT 治疗。

理论辩证法

焦虑是一种必要和有用的情绪，它提醒青少年注意潜在的危险，并使他们的大脑和身体快速做出适当的反应来保护自己。焦虑的结果要么是认真努力地解决问题，比如为考试而学习、按时参加活动等；要么是有效地避开问题，比如避开危险的地方、小心驾驶等。在某些情况下，解决问题和避开问题都是有效的和必要的。然而，一些青少年面对的威胁实际是不存在的或很少发生的。他们可能会误解某种情况，并以强迫或回避的方式做出反应，这些反应阻碍了他们过上自己想要的生活的能力。焦虑的矛盾是，青少年的生活看似危机四伏，与此同时，逃避危险会导致青少年日益被孤立、活动范围缩小和患上功能障碍。有时，暴露于危险之下和逃避危险都是有效的。当青少年寻求焦虑驱动行为的治疗时，他们通常表现出以下两种行为模式之一。

（1）当需要接触外界时，青少年会选择逃避（不上学、不准备考试），这样就会自我强化，并导致其他问题的产生（学业失败、孤立、药物滥用等）。当这些问题变得难以应对时，青少年就会寻求治疗。这个循环如图 9-1 所示。

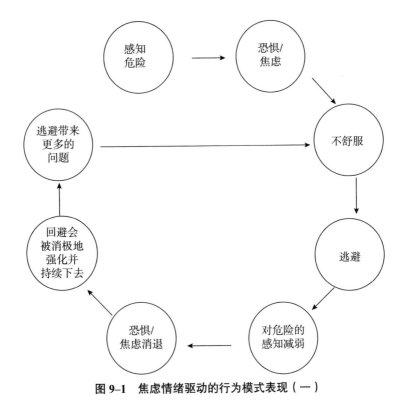

图 9-1　焦虑情绪驱动的行为模式表现（一）

（2）当青少年面临触发因素时，逃避或分散注意力反而会更有效（例如，青少年纠结于与朋友的交往和寻求安慰），在这种情况下，激烈地回应往往不能很好地解决最初的问题，还可能导致持续性地焦虑。而在其他时候，可以通过激烈地回应来解决问题（例如，发送多条短信以获得同伴的安慰），如果朋友给予反馈，结果是强化此类行为，产生额外的问题（当朋友被这些行为惹恼时）。这个循环如图 9-2 所示。

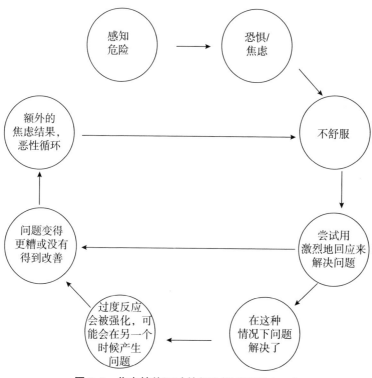

图 9-2　焦虑情绪驱动的行为模式表现（二）

用辩证的眼光来看待问题，逃避和自我暴露都是有效的，在任何情况下，找到两者之间最有效的平衡都是必要的。

案例概念化与目标设定

经历过极度焦虑的青少年可能会想方设法逃离痛苦或避免任何可能引起焦虑的情况。青少年的逃避可能体现在焦虑的各种外化行为中，比如强迫行为、分离、停止活动或攻击行为，最终青少年会逐渐被击垮，他们对可能出现的焦虑的恐惧导致严重地限制自身活动。这意味着，这些青少年不仅不愿突破对自身的限制，还不愿学习管理情绪的技能。然而，由于暂时不需要面对引发焦虑的情况，青少年会变得平静下来，这反而是一种变相的强化。他的世界变得越来越小，经历变得越来越少。他们不知道自己的焦虑是可以控制的，因为从一开始，他们就阻绝了自己体验这种情绪的可能性，从下面的对话中我们就可以看出这种现象。

对话：如何治疗焦虑症

治疗师：索尼娅，我想告诉你一些关于焦虑症的知识。当我们的大脑感知到危险时，它会自动反应，做出许多保护我们的事情。其中一些自动反应是心跳加快、出汗、呼吸急促，以及其他可能让人不舒服甚至害怕的症状，它们能帮助我们摆脱危险。但是，当人们错误解读这些信号时，比如大脑在没有真正危险的情况下，却感知到了危险，像在恐慌发作时，或者当我们故意回避一些本应面对的事情时，问题就出现了。

索尼娅：那我该怎么做才能改变呢？

治疗师：幸运的是，学者们已经对焦虑症进行了很好的研究，得到了许多有效的治疗方法。即使我们在给你提供很多帮助时很小心，但治疗过程可能仍然会让你觉得不舒服，因为它需要你自己面对恐惧。当你经常这样做时，你的焦虑感很有可能会下降。

索尼娅：我不知道……

治疗师：我明白。这可能很难。记住，当你第一次学习的时候，通常很困难，但随着时间的推移，它们会变得越来越容易。这种疗法也是如此。你还想了解更多吗？

逃避的正面和负面作用

如果有焦虑驱动行为的青少年想要接受治疗，DBT 治疗师需要为之提供一个非常安全的环境。在青少年愿意参与治疗、分享经历并承诺做出改变之前，治疗师需要强调对他们的认可。表 9-1 将帮助青少年和治疗师理解这样的两面性：逃避可能是有效和必要的，而体验焦虑同样重要。

表 9-1 逃避和体验焦虑的正面作用及负面作用

行为	正面作用	负面作用
逃避参与活动	• 体验免于恐惧和焦虑的自由 • 没有压倒性的情感经验 • 有安全感 • 感觉有些控制力	• 与美好生活失之交臂 • 不知道焦虑是可以控制的 • 远离朋友和家人，导致孤独
从事让自己产生焦虑的活动	• 与朋友和家人一起参与 • 认识到生存和管理情感体验的能力 • 增强社会联系 • 带来更充实的生活	• 经历焦虑 • 感觉不知所措 • 害怕无法控制情绪 • 放弃逃避的舒适感

认可和接受

DBT 治疗师将通过了解青少年目前的现实状况，明确表示认可他的如下经历，接受他的焦虑。

- 负面情绪可能会让他不知所措，甚至垮掉。

- 逃避和强迫行为会让他得到安慰。

- 他为自己的行为感到羞耻。

- 他感觉自己的生活不舒适。

- 他感到困惑的事实是，对别人来说似乎很容易的事情，他却很难做到。

- 其他人可能无法接受或理解他的焦虑程度，或者责备他逃避事情。

DBT 治疗师将专注于接受和认可青少年的经历，以便让其参与治疗。虽然焦虑症青少年的行为可能会扰乱自己的生活，但他们不太可能自伤或对他人造成危险。这给了治疗师更多的时间来建立一种信任的关系，而不用担心对青少年生命的威胁，同时获得改变的承诺。

优先目标和目标设定

当治疗师与青少年建立起信任的治疗关系和获得对改变的承诺时，他也会发展那些基于 DBT 框架的目标行为。索尼娅的目标行为如表 9–2 所示。

表 9–2　　　　　　针对索尼娅的优先治疗目标及具体行为

优先目标	具体行为
危及生命的行为	目前还不清楚
干扰治疗的行为	不与治疗师联系
	难以接受治疗
	没有完成治疗活动
影响生活质量的行为	旷课
	经常胃痛 / 身体不适
	恐慌发作
	强迫行为
	不能完成活动
	言语攻击

尽管此时索尼娅可能没有任何危及生命的行为，但她仍然需要 DBT 的介入，因为她的情绪强度和焦虑症状已经影响到她过上自己想要的生活的能力，而且之前的治疗已经被证明无效。

青少年的目标

治疗师帮助青少年将目标与焦虑联系起来，如下面的对话所示。

对话：帮助青少年确定目标

治疗师：索尼娅，让我们谈谈你希望事情发生什么变化吧。当情况好转，你的焦虑得到控制时，会有什么不同呢？

索尼娅：我想我不会再在学校发作恐慌症了。

治疗师：如果这样的话，你想要做什么？

索尼娅：去上课，和朋友们出去玩……

治疗师：还有什么呢？

索尼娅：我的父母会很高兴，我们又可以在家里享受美好时光了。

当索尼娅与DBT治疗师见面时，他们将讨论她的治疗目标，这通常与减少她的焦虑的积极影响有关。从上述对话中可以体现出来的治疗目标如下所示。

- 坚持重返校园。
- 减少惊恐发作和胃痛（她可能认为这是生理方面的问题）。
- 有更多的时间和朋友在一起。
- 让她的父母少给她一些压力，让她一个人待着。

治疗师的目标

治疗师将与索尼娅一起工作，致力于实现她的目标，通过自我暴露某些情绪来减少焦虑。治疗师将逐渐把索尼娅感受到的焦虑与实现目标的影响联系起来。治疗师建立了自己的如下目标。

- 减少焦虑。
- 将注意力集中在情绪、身体感觉和思想上。
- 帮助索尼娅活在当下，减少担忧和预期焦虑（Chapman, Gratz, Tull, & Keane, 2011）。
- 多参加自我安慰的活动来管理压倒性的焦虑情绪。
- 增强索尼娅用语言表达情感和需求的能力，而不是通过身体的不适症状。
- 增加她照顾自己身体健康的主动尝试，以最大限度地减少对压倒性情绪的敏感性。

治疗师将阐明这些目标，努力将索尼娅的目标与学习如何在不逃避的情况下有技巧地管理痛苦情绪的必要性联系起来。他会让她明白，这样做能够帮助她实现既定目标。

获得承诺

对有焦虑驱动行为的青少年进行治疗的最初目标是让他参与治疗，帮助他建立改变的决心。对于是否放弃逃避（以及逃避所提供的安全感），他会犹豫不决。DBT 治疗将使他看到，经历焦虑引发的情况不仅会让他有积极的生活体验，而且从长远来看也会减少他的焦虑。

由于青少年认为治疗含有很多未知因素，因此治疗本身就会加重焦虑。青少年可能不太愿意参与治疗，治疗师需要努力让他加入，通过认可、理解，让他看到改善生活的可能性。关于焦虑的心理教育、逃避的自我强化作用，以及精心规划的自我暴露的好处，都有助于让青少年参与治疗。正如青少年发现情绪失调的生物社会理论是正确的一样，他们通过了解焦虑、焦虑是如何发展的、焦虑的功能，以及通过对情绪的客观理解，也同样觉得放心。在进行这种心理教育时，治疗师需要更加耐心。许多青少年发现，客观正确地看待自身的焦虑有助于减少与逃避或强迫行为相关的羞愧和内疚等继发情绪。

持续评估工具和战略

当与有焦虑驱动行为的青少年合作时，治疗师将使用DBT工具来评估是什么触发了这些行为，是什么后果维持了这些行为。治疗师将寻找条件反应，以及由随后的反应维持的行为。

每日日志

患有焦虑症的青少年的每日日志将把自伤和自杀的目

标行为最小化，除非青少年（或家长）已经表明这是一个问题。每日日志将根据青少年缺课、胃痛或其他身体问题，以及言语攻击、恐慌发作或其他显著焦虑症状的具体情况进行定制。

链分析

对索尼娅的逃避行为的链分析如下。

我在担心一场考试。

↓

我经常缺课，所以我确信我肯定会不及格，得不到 A+。

↓

我一想到考试就睡不着觉。

↓

当我睡醒时，我觉得胃疼。

↓

我想去看医生，但我妈妈说我必须去上学。

↓

我想，没有人能理解我的胃有多疼。大家都以为我是装的，但这确实是真的。

↓

我开始发抖，头也开始疼。

↓

我对自己说："天哪，又来了。"

我知道我不能去上学了，因为我觉得很不舒服。

↓

我对着妈妈大喊大叫，如果她爱我，她就不会让我去上学。

↓

我一整天都躺在床上。我开始担心什么时候能补考。

↓

我感到羞愧和内疚，但我的胃仍然很痛。

从这个链中，治疗师认识到可以使用改变策略来干预和改变结果的如下方面。

- 认知重组和辩证思维将帮助索尼娅解决她对完美主义的追求，否则她会感觉自己是失败的。
- 自我暴露将帮助索尼娅认识到她可以具备处理困难和压力的能力。
- 技能培训包括对痛苦耐受性技能的教学，这可以帮助索尼娅学会在焦虑或痛苦时让自己平静下来；还有正念，使她能够活在当下，这样她就不用担心第二天的事，可以安心睡觉。

这条链强调了思想、感觉和行为之间的关系。它强调，改变链的任一部分都可能对结果产生影响。

改变策略

当青少年有焦虑驱动的行为时，主要的改变策略之一是让情绪自我暴露出来，以减少逃避的强化反应。为了练习自我暴露，青少年需要在技能培训中学到的所有技能，也需要认知重构。同样重要的是，父母和家庭成员不要试图"拯救"青少年的焦虑感，因为这实际上会加强逃避。

自我暴露

对焦虑最有效的治疗手段是基于自我暴露的干预。这些干预措施直接解决了青少年的逃避问题，对有问题的信念产生了巨大影响，几乎完全消除了青少年的恐惧。这些可能是实施起来极其困难的策略，因为只有当青少年允许他的焦虑延长足够长的时间，最终体验到症状减轻的效果时，自我暴露才有效。重要的是，治疗师要积极地引导青少年，并确保他理解以下治疗概念和组成部分。

- 自我暴露的过程。
- 课间练习的重要性。
- 矛盾的是，在治疗开始减轻焦虑之前，他可能会先经历焦虑增强的阶段。
- 在自我暴露期间不要使用痛苦耐受性的技能，因为这是他正在努力消除的一种逃避形式，这很重要。
- 使用正念技能来管理他将经历的不适，这很重要。

对自我暴露进行干预的目的是让青少年有挑战信念的经历，从而减少逃避行为。完成自我暴露的青少年很可能显著改善焦虑症状（Nakamura, Pestle, & Chorpita, 2009）。

鼓励青少年养成一种自我暴露的生活方式，在这种生活方式中，他们努力地不断了解焦虑何时会影响自己的行为，并在必要的情况下接近而不是逃避感到焦虑的时刻。DBT 结合了自我暴露（相反行为、提前计划、自信技能）和逃避（分散注意力和自我安慰）策略。为了使自我暴露有效，治疗师需要使用恰当的策略和敏感性来帮助青少年平衡这样的矛盾。

技能培训

情绪调节的困难会影响青少年管理焦虑的能力，还关系到强迫行为的加重（Cougle, Timpano, & Goetz, 2012）。因此，情绪调节和忍耐痛苦的技能对有焦虑驱动行为的青少年来说特别重要，而正念技能则教导青少年使用它们所必需的意识和专注力。

正念

正念技能有助于减缓反应，并在足够长的时间内忍耐，以使自我暴露有效。他们还为青少年提供了一个理论框架，让他们能够意识到自己的焦虑，观察或描述它，并注意到当没有采取任何行动来逃避焦虑时，它来了又去，就像海面上的波浪一样。

痛苦耐受性

痛苦耐受性技能（Linehan, 1993b）教会青少年接受感受，或在必要时转移注意力。虽然分散注意力/逃避是青少年暂时管理焦虑的有效方法（在压力过大时暂停学习），但它并不能有效地解决导致焦虑的根本问题，也不能传授给青少年学习以更有效的方式管理焦虑的经验。与此同时，由于分散注意力/逃避在减少焦虑方面的有效性，它往往成为对焦虑的一种习得反应。青少年只能偶尔、暂时性地采用分散注意力/逃避来应对焦虑。否则，青少年不能充分进行自我暴露，也学不会使用其他技能来管理它。

情绪调节

青少年可以在DBT中认识到焦虑的目的和价值。相反的行为技巧教会青少年有策略地让自己暴露在不适中，而不是逃避它。积极的锻炼、充足的睡眠、关爱健康，以及其他与减轻情绪脆弱相关的技能，对管理焦虑症状都很有用。情感故事帮助青少年认识到焦虑的触发因素、逃避或过度关注的强化影响，以及这些行为的后果（Linehan, 1993a）。这也有助于青少年重新思考引发焦虑的诱因。

认可和辩证法

认可青少年对降低他们的情绪强度非常有用，并且在自我暴露时至关重要。它还能帮助渴望完美的青少年更接纳自己。

患有焦虑症的青少年倾向于以一种非黑即白的方式看待世界，这导致了对失败、批评或不"正确"的恐惧，这些恐惧反过来导致青少年无法承担风险，无法从错误中学习，或无法尝试困难的事情。学习如何辩证地思考——接受自己可以犯错误的事实，而不是认定自己是一个"失败者"，接受"犯错"并不意味着"世界末日"到来的想法——可以帮助青少年自由地学习、成长，更舒适地与自己相处以及与他人生活（Miller, Rathus, & Linehan, 2007）。

人际交往有效性

人际交往有效性技能（Linehan, 1993b）对患有焦虑症的青少年很有价值，能够帮助青少年处理可能试图逃避的情况，给予他们以下管理自己情绪的技能。

- 有效沟通焦虑感受的技能，这样青少年就能得到他想要的支持。
- 对患有社交焦虑症的青少年有用的自信技能。
- 当青少年焦虑时，有效地满足需求的技能，而不是过度攻击性或被动的人际交往方式。

使用这些技能可以让青少年在逃避和攻击之间找到自信的中间路径，并自我暴露在原本令其恐惧的人际交往中。

认知重组

通常，青少年的焦虑是由于高估了特定情况下的风险或害怕任何形式的"失败",这些高估和恐惧将在链分析和治疗对话中出现。有经验的 DBT 治疗师可以使用技巧来帮助青少年建立自信心,同时接受和认可他们的感受。

索尼娅担心当她回到学校以及身边的人做出不恰当的反应时可能再次发作恐慌症,这说明她缺乏应对的能力。治疗师的目标是挑战这些想法,了解索尼娅的恐惧所在,并引导她认识到自身的想法、感觉和行为之间的联系,以及逃避的强化性质。干预措施包括以下内容(Barlow et al., 2010)。

- 使索尼娅了解常见的"认知扭曲"(高估失败和危险的概率,放大恐惧)。
- 教授索尼娅评估信念准确性的方法。
- 提供识别强迫症的技巧,并挑战索尼娅对其含义的解释。

通过构建环境进行应急管理

家长希望帮助焦虑的青少年,试图减少他们的压力,或直接告诉他们可以管理好自己的情绪,可以在考试中取得好成绩,这在无意中会使青少年非常真实的情绪无效化。尽管这名青少年可能在学校取得了显著的成功,但他非常害怕下次考试不及格;这是一种非常真实的感觉,青少年认为自己并不真正具备能力,只是在愚弄身边的人罢了。青少年的绝对思维也使他相信任何不完美的东西都是错误的。如果父母不理解这一点,就会在不经意间否定青少年的所作所为,并使他在试图向别人证明他的恐惧是真实的、令人难以承受的时候，感到更加焦虑和沮丧。

为了使家长发挥出积极的作用，家长也需要认可他们自己的如下感受。

- 因孩子没有完成预期任务（如上学）而感到沮丧。
- 当望子成龙、望女成凤的梦想落空时，会担心别人的看法，对自己的失败感到焦虑。
- 想要帮助和支持别人，但对于不知道如何有效地做到这一点感到焦虑。
- 为孩子的痛苦生活感到悲伤。
- 担心孩子过不上预想的生活。
- 为孩子和别的孩子不一样而痛苦，尽管她和其他青少年没什么两样。

一名独立的家长教练可以帮助家长理解青少年面临的困境，而青少年的个体治疗师则致力于建立信任关系。家长教练会帮助家长完成以下任务。

- 了解孩子的真实感受，以及情绪失调和焦虑驱动行为的本质。
- 为孩子的感受提供一个认可的环境，而不是向孩子的逃避行为"屈服"。
- 理解他们的角色不是为创造一个没有压力的环境或保护

孩子免遭困境；而是在孩子经历困难时，帮助她度过焦虑的痛苦。

- 强化适应性行为，忽略非适应性行为（索尼娅的父母可能只在她上学时才给她特权）。

- 避免与孩子发生权力斗争（因为索尼娅最终可能经历一些自然而然产生的痛苦后果，让她通过自己的生活经历学习，比通过父母与她的斗争更有效）。

- 接受他们作为父母的角色，可能与预想的不同，因为他们无法保护孩子免受所有困难的伤害。

- 认识到孩子需要在生活中做出一些改变，而他们反过来也需要支持和加强这些改变。

- 不要过于关注孩子的学业，把重点放在培养孩子拥有更多生活经验的能力上。

当青少年逃避困难时，往往很难形成偶发事件和构建环境。当孩子面临困难时，父母需要鼓励他，而不是让他逃避治疗的目标。家长理解行为管理的概念是非常重要的，这样他们才能理解为什么要构建一个环境，而这个环境最初对青少年来说可能很难管理，他们自己也很难维持。

总结

在本章中，我们讨论了为什么DBT对有焦虑驱动行为的青少年有所帮助。我们讨论了接受和认可焦虑情绪的压倒

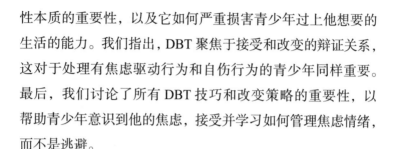

性本质的重要性，以及它如何严重损害青少年过上他想要的生活的能力。我们指出，DBT 聚焦于接受和改变的辩证关系，这对于处理有焦虑驱动行为和自伤行为的青少年同样重要。最后，我们讨论了所有 DBT 技巧和改变策略的重要性，以帮助青少年意识到他的焦虑，接受并学习如何管理焦虑情绪，而不是逃避。

第 10 章
孩子出现暴饮暴食，该怎么办

一名青少年出现饮食失调方面的问题，这要么是主要的行为问题，要么与其他有关情绪失调的行为问题一起发生。当青少年表现出饮食失调时，家长通常会对他的健康感到各种担忧，他们希望自己的孩子合理饮食、身体健康。DBT 是一种结构化的行为疗法，它帮助青少年用更安全有效的行为取代紊乱的行为。

目前有一种针对极端限制行为的循证疗法［以家庭为基础的神经性厌食症疗法，有时被称为莫兹利（Moudsley）方法］。因此，本章将只关注青少年用于调节痛苦情绪的个别问题行为，即暴饮暴食和催泄行为，这与 DBT 治疗有多种问题行为的青少年的有效性是一致的。将 DBT 与传统的饮食失调治疗方法组合使用时，对单独使用这些治疗方法没有反应或不遵守治疗规则的青少年来说，也可能是有效的。DBT 还可用于帮助接受传统治疗的孩子家长有效地、不带偏见地对待青少年。

DBT 治疗的基本前提是，即使青少年看起来在许多领域表现得很有能力，但在他能够做出重大改变之前，他的内心却感到混乱和痛苦，他需要得到接受和认可。DBT 治疗师为青少年提供了客观中立和认同的环境，这将有助于减少与饮食失调的青少年在工作中固有的权力斗争。治疗师将引导青少年用更健康的选择来取代危险的行为，这样他就可以发展出一种生活方式，尽量减少他目前经历的痛苦和危机。请看下面的例子。

> 詹妮 16 岁了，她之前的医生推荐她进行 DBT 治疗，因为医生意识到詹妮除了饮食失调之外，当父母试图监督她的饮食或其他行为时，她还变得越来越愤怒，对父母越来越有攻击性。每当吃饭时，詹妮都会生气，她的父母非常沮丧。她还偷东西，对父母撒谎，她的父母不得不把家里的贵重物品锁起来，他们担心情况会越来越失控。之前的医生在处理詹妮的愤怒和日益严重的饮食紊乱时感到很不自在，觉得自己在这些方面不够专业。在过去六个月的时间里，詹妮的行为模式包括：心烦意乱时暴食，然后是后悔和催泄，最后是羞愧。她不喜欢在别人面前吃东西，她的父母担心她会营养不良。据她的医务人员说，她的体重指数显示她略微有些超重，但她的健康状况非常稳定。她有几个朋友，他们都不知道她在饮食方面出现了问题。詹妮的父母总是担心她的健康，他们开始放弃对这些行为能够改变的希望。詹妮不想在治疗中讨论她的饮食问题，她更喜欢谈论她和父母之间的冲突。

治疗饮食失调的青少年，DBT需要一个多学科团队的努力。在这个治疗团队里，除了个体治疗师和技能小组的指导外，还需要一名跟踪监测青少年健康状况的医务人员，一名教授健康饮食方式的营养学家，以及一名帮助父母减少反应和可能引发青少年情绪失调的行为的家长治疗师或教练。DBT从业者重视青少年的参与，同时持续评估青少年的健康问题和人身安全。

理论辩证法

当治疗师与饮食失调的青少年打交道时，需要在健康饮食的目标与接受青少年已经尽了最大努力来面对痛苦和混乱这两者之间取得平衡。其中一些青少年可能会隐藏自己的情绪，同时试图自己解决问题。当看似控制欲强的青少年变得心烦意乱，或以其他方式开始向外表达他们的情绪，甚至有些青少年会在饭后跑到卫生间催吐时，这让父母和其他人觉得难以接受。DBT治疗师帮助青少年和他的家人平衡对青少年感觉的新理解，并希望改变是可能的。

治疗师与饮食失调的青少年打交道时，将面临许多固有的矛盾。这些矛盾对于治疗师和青少年来说都是一种挑战，因为他们要寻求青少年能够接受的综合治疗方式。

健康安全和饮食失调

一个固有的矛盾是，难以在关注青少年的健康安全与理解青少年可能还不愿意或不具备放弃饮食失调的技能之间取得平衡。治疗师要求青少年做出戒除饮食失调的承诺，同时治疗师认识到，在某种程度上青少年已经发现这种行为对管理情绪是有作用的，他可能很难做出这种承诺，即便做出承诺，也容易放弃，治疗师需要认识并接受这一点。治疗师寻找方法将饮食失调与对青少年来说很重要的问题联系起来，这样他们就可以共同努力重新获得健康的饮食方式。基于这一矛盾，DBT 治疗师将始终致力于改变青少年的行为，同时接受青少年通过失调的饮食行为满足情感需求的事实，目前青少年是矛盾的、不愿意的或无法改变的。

能力与局限

在身边的人看来，饮食失调的青少年能力很强。他们可能学习成绩优异，运动能力突出，社交能力出色。他们的自我期望较高，当无法实现所定的超高目标时，他们会觉得无所适从。非黑即白的绝对化思维让青少年很难接受自己做不到某些事情；而且，由于没有经历过太多失败，他们可能还没有学会如何应对失败。与此同时，他们没有掌握有效管理强烈情绪的技能，导致产生羞愧或内疚，或感觉无能为力。此时，他们会不知所措，以至于无法完成在过去对他们来说很容易的任务。因此，他们不太可能寻求帮助。这里的矛盾是指青少年在某些领域（如学术、社会生活或体育运动）能力超群，却在其他领域（如情绪调节）能力不足，DBT 可以帮助青少年和家长认识和接受自身能力的局限。一名有效的DBT 从业者将帮助青少年认识到接受他人的帮助并不是失败的标志，而是一种能力。青少年和 DBT 从业者都认为，青少年在某些领域游刃有余，而在某些领域困难重重。

严格遵守和完全无视饮食"规则"

如果一名青少年觉得对饮食失去了控制力，或者无法遵循饮食规则，那么他可能会表现出极端的反应，要么暴饮暴食，要么把节食作为一种自我调节的方式。这种严格遵守饮食"规则"或完全无视饮食"规则"的辩证综合是平衡的饮食和有效的情绪管理，包括以下要素。

- 意识到情感需求和对这些需求的健康回应。
- 认识到饥饿和饱腹的感觉。
- 饿了就吃。
- 吃饱了就不再吃东西。
- 认识到有时会吃"开心食物"，在一个整体均衡的饮食日常中摄入这些食物并不意味着暴饮暴食的开始。
- 要意识到在某些情况下（节假日、派对、特殊场合等）偶尔地暴饮暴食是很正常的，这并不意味着你完全失去了均衡饮食。

没有固定的饮食习惯

有时，有些青少年可能根本没有任何饮食习惯，有时可能表现出严格的、受规则驱动的饮食行为（Wisniewski & Kelly, 2003）。他们可能会暴饮暴食、节食或断食，这样做是基于情绪触发因素，而不是营养需求。紊乱的进食周期会干扰他们的认知功能，进而影响情绪调节（见图 10–1），从而进一步导致饮食失调。解决这种矛盾，需要制订一个健全的饮食计划，它允许青少年在没有负罪感或羞耻感的情况下享受饮食的乐趣。

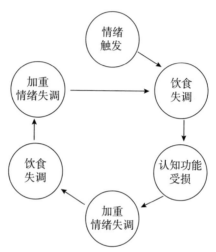

图 10-1　饮食失调与情绪失调的关系

治疗师帮助一个觉得自己不完美就意味着失败的青少年时，让他们接受自己的不完美，培养辩证思维是整体治疗的重点。

案例概念化与目标设定

DBT 认为，饮食失调是青少年在他们不理解也不知道如何有效管理情绪时，为了让自己感觉更好而发展起来的行为。莱恩汉的生物社会理论（Linehan，1993a）提出，那些否认或忽视内在经历和强烈情绪的青少年会发展出有一定效果但有问题的情绪管理方法。据推测，除了情感上的敏感性外，一些青少年可能对饮食营养也具有一种敏感性，影响他们知道饥饱的能力，从而导致饮食失调（Wisniewski & Kelly，2003）。治疗师需要通过沟通了解青少年的经历，以便建立一个治疗团队。

情绪失调和暴饮暴食之间的关系如图 10–2 所示。

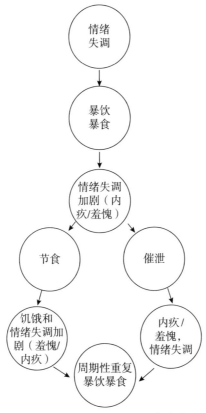

图 10–2　情绪失调和暴饮暴食的关系

DBT 治疗师通过评估青少年的饮食失调行为的积极影响和消极影响来理解青少年的行为和增加对青少年行为的敏感性（见表 10–1 和表 10–2）。

表 10–1　　　　　　　暴饮暴食行为的积极影响和消极影响

行为	积极影响	消极影响
暴饮暴食	• 解脱的感觉，从痛苦的想法和感觉中解脱 • 因吃食物的乐趣而得到安慰的感觉	• 家庭问题；父母总是关注孩子们吃了什么 • 健康问题 • 害怕长胖 • 身体不舒服，不能专心学习 • 羞愧和内疚
节制暴饮暴食	• 减少自身的健康问题 • 减少与父母之间的问题 • 感觉更好，更能集中注意力	• 面对问题和困难，却不能自我安慰 • 情感痛苦

表 10–2　　　　　　　催泄行为的积极影响和消极影响

行为	积极影响	消极影响
催泄	• 解脱的感觉，逃离痛苦或不舒服的想法和情绪 • 认为自己不会变胖	• 家庭问题；父母总是关注孩子们吃了什么 • 健康问题 • 身体不舒服，不能专心学习 • 羞愧和内疚
控制催泄	• 减少自身的健康问题 • 减少与父母之间的问题 • 感觉更好，更能集中注意力	• 面对问题和困难，却不能自我安慰 • 害怕长胖 • 自我感觉不好

认可和接受

治疗师通过接受青少年的感受和经历来认可青少年。治疗师会承认青少年可能会有以下情绪和想法。

- 对每个人都如此关注他的饮食感到愤怒。
- 不觉得或不想承认自己有这么大的问题。
- 感觉父母的监督无处不在。
- 想要自己独自处理。
- 感到自己的情绪和行为管理能力不足，同时又羞于向他人承认这一点。
- 对自己的行为感到羞愧和内疚，不知道如何在不向他人宣泄愤怒的情况下管理自己的情绪。
- 除非别人先发生改变，否则不想改变自己的行为。

治疗师将认可这一切，以及它如何影响青少年不愿改变。与此同时，治疗师将鼓励改变，避免权力斗争。

优先目标和目标设定

在关注青少年健康的同时，治疗师将围绕某些特定的重要问题与青少年进行深入的接触。这些问题将按照下列方式进行排序。

首先是遵循 DBT 目标层级（Linehan, 1993a），威胁生命的行为总是被放在首位，包括对严重威胁生命安全的进食行为以及其他自伤行为（自伤、自杀企图等）。其次是干扰治疗的行为，青少年本应该与治疗师合作进行链分析和解决问题，但他们会不完成日志、不做作业或做出其他行为（如在诊室的卫生间里催吐，对治疗师撒谎，拒绝医疗护理，拒绝称重等），这些行为干扰了治疗师以关心和承诺的方式提供治疗，成为 DBT 要解决的目标。再次就是干扰生活质量的行为将成为 DBT 要解决的目标。在詹妮的案例中，DBT 要解决的目标行为包括偷窃、暴饮暴食或催泄（除非有其他威胁生命的行为，在这种情况下它将成为第一优先事项），其他可能出现的行为问题（药物滥用、法律问题、学术问题等），以及在情绪失调时缺乏技巧行为。

治疗师需要考虑解决这些目标的顺序。在詹妮的案例中，她的偷窃行为可能导致情绪失调，进而导致饮食失调，但也可能是情绪失调引发了偷窃行为。随着治疗的深入和链分析，每种行为的触发因素和起因将变得明晰。治疗师将战略性地选择处理目标的顺序，并意识到问题行为往往以复杂和强化的方式相互作用。

来自医务人员的反馈将帮助 DBT 治疗师关注最优先的行为。治疗师将利用如下反馈来决定如何优先处理治疗目标。

- 如果治疗团队中的医务人员说青少年健康状况稳定，没有严重的健康问题，DBT 治疗师则可以继续关注青少年的目标，并将饮食失调的症状作为影响生活质量的行为来优先考虑。

- 如果饮食失调危及青少年的生命健康，如导致心律不齐或电解质异常、慢性呕吐或泻药滥用，治疗师必然会将饮食失调视为危及生命的行为来优先考虑，甚至需要医疗干预或住院治疗（Wisniewski，2012）。考虑到这些潜在的医疗问题，在团队中加入一名执业医师至关重要。

青少年的目标

治疗师将非常谨慎地与青少年合作建立目标，关注有价值的生活（Linehan，1993a）。当出现不可避免的挑战时，正是这些目标使治疗得以继续进行。治疗师知道青少年确定的目标可能会以某种方式与饮食问题相关，并意识到何时可以建立这些联系，正如我们在下面的对话中看到的那样。

对话：帮助青少年确定目标

治疗师：詹妮，我想知道你希望看到什么变化。你自己又能做出哪些改变，让生活变成你想要的样子？

詹　妮：那很容易，我的父母会选择让步，让我过自己的生活。

治疗师：我想知道你可以采取什么措施，来增加这种情况发生的可能性。

詹　妮：我的父母对我偷东西的事情很不安，我想我不会再那么做了。

治疗师：还有什么呢？

詹　妮：嗯，我希望父母相信我是有自控力的，不要时时刻刻监视我。

271

治疗师：希望你明白，我们要共同努力解决你的饮食失调问题。我想弄清楚它是否与你生活中的其他事情有关。这样可以吗？

詹　妮：这我不知道要怎么做，我想我已经控制住了。

治疗师：好的，我明白了，你觉得这并不重要。

　　治疗师致力于建立青少年同意为之努力的目标，即便最初她所陈述的目标可能不包括饮食行为的改变，但也选择接受。在詹妮的例子中，当她处于失调状态时，将首先通过解决她的偷窃行为和愤怒情绪来增强她的自制力。治疗师会把这与詹妮抓住每一个吃东西的机会联系起来。治疗将侧重于均衡饮食在青少年情绪调节中的作用（我们都有过饥饿时更容易烦躁的经历），并将尝试让她在治疗过程中改变管理情绪的方式。治疗师使用正反技巧（Linehan，1993a）来帮助青少年评估其行为选择的后果，并将当前的行为与可能产生的结果和青少年的长期目标联系起来。

治疗师的目标

　　治疗师清楚地告诉青少年，饮食失调也是治疗的重点，但除非危及生命，否则不一定必须要改变。许多青少年没有意识到饮食失调对其情绪和行为的影响，所以让他们明确这些信息是很重要的，营养学家和医务人员都可以提供有关饮食失调的后果的心理辅导。治疗师的目标是让青少年每天吃三顿正餐和两顿加餐，总体上达到营养均衡。这种饮食习惯结构的建立使青少年固定在一个减少易受伤害因素和增加情绪控制的日常生活中。

表 10–3 总结了青少年饮食失调时的常见目标行为，这些目标行为是治疗的重点。

表 10–3	青少年饮食失调时的常见目标行为
需要加强的行为	**需要减少的行为**
• 健康的饮食习惯	• 用于补偿饮食的行为（过度运动、排便、使用利尿剂）
• 摄入营养均衡的食物	
• 意识到饥饿和饱腹感	• 关注体重和体型
• 运用技巧来管理情绪失调	• 利用饮食失调来调节痛苦的情绪

关于减肥

青少年经常把减肥作为他们的治疗目标，这需要治疗师认真对待。对于青少年来说，适度减肥通常是比较容易实现的，有助于改善个体的健康状况，比青少年群体中流行的极端减肥更科学、有效。如果 BMI 在超重范围内，治疗师会支持青少年减肥，同时帮助他们改变行为以达到正常体重，如适当锻炼、规范饮食，而不是节食（Wisniewski, Safer, & Chen, 2007）。如果 BMI 在正常范围内，治疗师将支持青少年维持体重和健康的生活方式。

获得承诺

在治疗开始时，治疗师小心翼翼地从青少年那里获得一些行为改变的承诺，如果饮食行为影响生活质量，他们会要

273

求变更承诺。与此同时，治疗师也会接受青少年最初可能还没有准备好改变饮食行为或很难维持这样的承诺。治疗师将继续使用各种承诺策略，鼓励青少年努力配合，最终，以更健康的饮食行为作为提高他整体生活质量的一种方式。

持续评估工具和策略

DBT 治疗有饮食失调问题的青少年，将使用与治疗有生命危险、干扰治疗、影响生活质量问题行为的青少年相同的评估工具和策略。由于这一人群还存在一些医疗问题，治疗师还需要利用其他的评估工具和策略。

每日日志和食物日志

在治疗的早期阶段，如果已经制订了饮食计划，每日日志可以与饮食日志相互补充使用。表 10–4 是日志模板。

表 10–4   **日志模板**

		周一	周二	周三	周四	周五	周六	周日
食物列表	早餐							
	加餐							
	午餐							
	加餐							
	晚餐							
是 / 否	暴饮暴食							
是 / 否	催泄							
描述	锻炼							

这个日志可用于青少年治疗的早期阶段，以跟踪他们吃了什么和吃的时间；与每日日志结合使用，以观察饮食如何影响青少年的情绪。它促进了对饮食计划的坚持（一天吃三顿正餐，吃两顿加餐，如果一顿饭比平时吃得多，则在下一顿饭少吃或不吃加餐）。它还将情绪和技能与进食、饥饿和饱腹感联系起来，帮助青少年和从业者理解情绪、食物和进食之间的关系。此日志将为治疗过程中的链分析和问题解决提供有用的信息，它帮助青少年记住可能遗忘的特定信息，和任何追踪工具一样，它的完成与行为变化相关。如果青少年没有完成饮食日志的话，就将被认为是干扰治疗的行为。

一旦制订了饮食计划，青少年就会按照计划去做，饮食日志就会被删除，标准的每日日志将被修改，以包括青少年的目标行为或跟踪行为。下面是一些目标行为的例子。

- 有暴饮暴食的冲动和行为。
- 有催吐的冲动。
- 过量运动。
- 使用利尿剂。
- 遵循饮食计划。
- 任何其他严重损害青少年生命的行为（如攻击或非法活动）。

链分析

链分析用于饮食日志或每日日志中的任何目标行为（例

如暴饮暴食、节食、催泄、不配合医学评估，或不遵循营养师的计划），在每次对话中优先选择级别最高的目标。

关于詹妮的行为的链分析如下所示。

我很累，压力很大，因为我正在准备考试。

↓

妈妈提醒我必须吃早餐，这其实是一个愚蠢的营养师给的建议。

↓

我想，妈妈根本不知道我经历了什么，她不明白我在想别的事情，我不想吃别人让我吃的东西。

↓

我的胃里开始感到一阵难受。

↓

我想，我讨厌自己，我讨厌我的身体。
我再也受不了了。我又生气又难过。

↓

我开始吃藏在房间里的薯片。

↓

我把一整袋都吃了。

↓

我厌恶自己，为自己感到羞愧。

↓

我走进洗手间，吐了出来。

↓

然后，我父亲进来跟我谈了我所做的事，我喜欢他的谈话方式。

↓

我妈妈知道我吐了。她上楼来，对我很生气。

在这个链中，许多问题变得清晰明了，治疗师可以针对性地制定一些改变策略。下面是发现的问题。

- 詹妮很敏感，因为她正在准备考试，她变得非常焦虑。
- 因为母亲提醒吃饭，詹妮的情绪被触发。
- 詹妮觉得别人不理解她正在经历什么。
- 詹妮用食物来安慰自己，她需要学习更健康的痛苦承受技巧。
- 詹妮的羞耻感导致呕吐行为。
- 詹妮呕吐后，她的父亲去安慰她，这可能无意中强化了这种行为。

这些问题将通过不同的 DBT 改变策略来解决，参见下文"改变策略"部分。

医学评估

在治疗饮食失调的青少年的早期，持续的医学评估很重要。来自血液检测、体重监测和其他评估工具的数据将为治疗师提供相关行为的重要信息。许多青少年不想称体重，也不想知道自己的体重到底是多少，所以通过医学评估将青少年的体重信息暴露出来，会使他们产生痛苦的情绪。治疗师将与青少年分享医学评估的所有反馈结果。

改变策略

改变策略将专注于帮助青少年以更健康的方式使用技巧来管理他的负面情绪。此外，还将重点帮助家长构建环境，尽量减少围绕食物的权力斗争，并加快生活方式的转变。

认知重组

治疗师通过如下各种方式挑战青少年对体型、体重和自我的执念。

- 采用苏格拉底式的提问方式，比如"你有什么证据证明瘦就等于成功？"或者"除了体重外，还有哪些因素让你的朋友更有吸引力？"（这类问题旨在挑战青少年，让他们得出不同的结论。）
- 进行行为实验，让青少年吃东西但不补偿进食（例如在过度锻炼之后），来评估这对体重和情绪的影响。
- 认识到扭曲的思维（小题大做、杞人忧天等）对情绪和行为的影响。
- 识别并挑战潜在的核心信念。
- 用辩证思维取代非黑即白的绝对化思维。

- 利用医务人员提供的青少年生长曲线报告，跟踪并提供评估体重的客观来源，以解决对体重的认知扭曲问题。

自我暴露

自我暴露要求青少年体验一种不愉快的情绪，同时练习容忍这种情绪，直到它消逝，这是青少年学习对刺激物的新反应的一种非常有效的方法，如果可行的话，它将被用于治疗饮食失调。与治疗师一起吃饭是练习自我暴露的一种方式，练习重点是治疗师不允许青少年在结束治疗后呕吐或排泄，以确保自我暴露的治疗效果。

与青少年讨论和监测体重也是一种自我暴露的形式。青少年可能错误地认为催泄是一种有效的体重管理方法。但是，事实证明，当开始以一种更有效的方式进食时，他们的体重更有可能保持稳定，并为继续执行治疗计划提供了保障。

通过构建环境进行应急管理

与饮食失调的青少年进行家庭协作是必要的，因为家里通常是青少年进行攻击、发生权力斗争和饮食失调的场所。治疗师试图同时扮演与青少年、家长合作的双重角色，但却很难同时接受他们的非辩证思维，因此治疗师可能会被迫制订计划，使家长恢复平静，但是青少年仍然处于失调的状态，反之亦然。

一名独立的家长教练会先接受家长的担忧和焦虑才开始工作，从而为家长提供必要的支持。可以理解的是，家长也有以下自己不得不面对的痛苦感受。

- 担心饮食失调及其对青少年健康的长期影响。
- 担心青少年在家里会出现越来越危险的行为。
- 对青少年的变化感到困惑。
- 失望和沮丧，由于紧张的家庭氛围，他们不得不时刻注意自己的一言一行。
- 愤怒和无奈，因为他们不能信任自己的孩子，不能一起生活在一个安稳的环境中，他们还需要把自己的东西锁起来。
- 无法管束自己的孩子，使其不得不接受治疗，有时甚至还需要住院治疗，对此感到尴尬。

当家长觉得有人理解他们的感受时，他们就能少一些愤怒，少一些反应，也不太可能陷入权力斗争和危险的情况。这使他们能够更有效地制定教养策略。

当与有饮食障碍的青少年一起工作时，可能会有一名独立的家长教练通过以下不同的方式帮助家长。

- 增加他们对治疗团队的依赖，以评估孩子的健康状况，减少他们的情绪反应。
- 帮助家长专注于优先目标，同时减少他们对不太重要的行为的焦虑。

- 鼓励家长以有效的方式管理饮食计划。
- 帮助制订应急管理计划，强化对健康饮食的决定和选择，减少对不健康饮食的惩罚。
- 帮助家长认识到可能导致青少年变得更加愤怒的管理方式，制订应对不断升级的愤怒和危险的计划。

家庭行为的链分析

对家长和家长教练来说，有时把在家里发生的事件串联起来是有帮助的。在一个客观肯定的环境中，家长可能就能够看到他们如何在无意中强化了青少年的情绪和行为，并在之后出现类似的情况时能够更好地做出有效的选择和决定。

敏感因素

我们总是觉得自己"如履薄冰"，害怕说什么。
她同意按照营养师的建议吃东西，但却一直没有遵守。这让我们很生气。

↓

提示事件

我们在她的房间里发现了几袋薯片。我们质问她，
并告诉她，根据我们与她的协议，她不能再上网了。

↓

她非常生气，继续用电脑上网。

↓

我们开始对她大喊大叫，她也开始回吼。

我们变得更加愤怒，因为我们管不好自己的女儿。

想法

我们认为这是完全不合理的，她应该遵守规则。

这是在我们的家里啊。我们只是试图遵循营养学家的建议。

行为

当她继续使用电脑时，我们试图把它从她手中拿走。

↓

行为

她继续对我们大喊大叫，

认为我们不理解她使用电脑的必要性。

↓

想法

我们认为她不能再这样做了，她不尊重我们，

我们不能让她不遵守任何规则，还在家里做任何她想做的事情。

生理感受

我们喘着粗气，感到脖子的肌肉紧绷，胃里绞痛不适。

行为

我们放弃了，把电脑给了她。我们担心如果她变得更愤怒，
会发生更严重的事。

我们留下她一个人，回了自己的房间。

↓

后果

第二天我们都感到筋疲力尽。我们把她房间里的零食都拿出
来，并提醒她必须遵守规则。

↓

后果

我们感到非常沮丧，觉得我们无法控制她的饮食或其他行为。

我们不再跟她纠缠了。

↓

她为违反规定而道歉，并要求我们带她去某个地方。

我们同意了，因为她道歉了，我们很欣慰。

家长教练对链分析的反应。教练会注意到家长和青少年
的一些互动，并指出家长在哪些方面的不同反应可能会导致
这条链以下的不同结果。

- 父母根据协议告诉女儿，如果她在家里的某些区域藏有
  食物，她就不能上网。
- 通过认可女儿对上网的需求，他们可能会降低她的情绪
  反应。
- 当女儿不遵守他们的规则时，使用正念或其他痛苦耐受

283

性的技能可以有效地缓和他们的情绪。

- 放慢脚步，保持警惕，可以让家长清楚地思考有效的应对措施，避免事态进一步升级。

此外，家长教练会承认家长已经尽了最大努力，如下所示。

- 他们的沮丧和焦虑是可以理解的，即使他们承认自己的女儿当时已经尽了最大努力。
- 尽管他们很沮丧，但当女儿道歉时，他们能够理解并继续生活，这强化了她的道歉行为。大家能够一致向前看，家长的行为很有效。

我们将鼓励家长在清醒、理智的状态下找到回应女儿的方法（Linehan，1993b），减少情绪反应，并在女儿不遵守规则或不合作时能够冷静处理。家长们会被提醒，在他们或孩子情绪失调的情况下，不可能进行合理的讨论。家长可以和家长教练一起合作，制订一个更有效的行为计划，包括对健康饮食的强化和对不健康饮食的弱化措施。

技能培训

由于人际关系问题、情绪和饮食失调的强化性之间复杂的相互作用，所有技能培训都需要青少年和他们的父母共同配合。学习其他管理压力的方法可以减少对饮食失调的依赖。当青少年学习观察和描述与饥饿和饱腹相关的身体感觉时，正念技能特别有用。青少年被教导要根据这些感觉进食，否则就不进食。例如，一名暴饮暴食的青少年被教导要在产生饥饿的感觉之后进食，直到她体验到饱腹感，而不是因为无聊或情绪管理而吃东西。对于定期节食的青少年来说，应当鼓励和加强对饥饿的注意和有效反应，并不加评判地进食。练习正念饮食可以在技能培训小组中进行。技能培训小组还可以通过茶歇时间让参与者接触到冲动，并为参与者提供一些机会，让他们看到别人是如何以健康的方式进食的。

电话指导

电话指导用于管理当下自我伤害的冲动（节食、暴饮暴食、催泄或过度运动的欲望）、技能泛化（提醒人们除了进食或运动外，还有其他分散注意力或自我安抚的方法），以及修复治疗关系中的问题（例如青少年对治疗师"强迫"其进食，或强制其看医生而感到愤怒）。

在电话指导中，治疗师不会通过交谈来强化他们正意在消除的行为（节食、催泄等）；他只会谈及恢复青少年坚持结构化饮食计划的技巧。这可以采取帮助青少年使用DBT技能的形式，也可以通过将害怕的食物替换成喜欢的食物来解决营养问题，只要它满足同样的营养需求。因此，治疗师应充分了解饮食失调来访者的营养和饮食计划，这一点至关重要。通常，饮食失调的青少年会对自己关于饮食和节食的看法盲目自信（尽管这些看法并不总是准确的），因此治疗师需要保持警惕，有效地反驳不准确的信息，并传达专业理念。

辅助服务

营养心理教育小组用以传递必要的信息，包括节食的影响、身体对排泄的反应、饥饿对认知的影响等，是一种低成本高效益的方式。如果小组没有提供必要的信息，这些信息将需要在治疗中予以传达。

考虑到在青少年饮食失调时偶尔出现的严重的医疗风险（如电解质失衡和心脏功能异常），有时可能需要住院治疗，这取决于治疗师对青少年医疗风险的评估和反馈。治疗师始终以青少年的生命为重，其次才是治疗，从而有效地治疗青少年的饮食失调和情绪失调。

总结

在本章中，我们讨论了 DBT 治疗可应用于与情绪失调有关，且经其他治疗无效的饮食失调青少年的具体方法。DBT 的基本原则和技能应用于这一人群，并特别考虑到医务人员关于青少年身体健康的建议和反馈。采用 DBT 治疗的根本原因是青少年的饮食失调和情绪调节之间的相互作用，治疗目标是传授健康的情绪管理方法。

第 11 章
孩子经常暴怒暴躁、失控伤人，该怎么办

许多接受治疗的青少年都有一些共通的行为问题和医疗诊断，比如注意力缺陷 / 多动障碍和学习障碍，这些都会影响冲动、判断和行为。治疗师可能会与先前被诊断为对立违抗性障碍、行为障碍或间歇性爆发障碍的青少年一起工作。一名青少年可能因为冒险、攻击性或威胁性的行为导致偷窃或逃学而被转诊或接受治疗。家长可能会描述青少年容易"暴怒"，他们打人，挡住家人离开房间的路，或具有其他"失控"的行为。青少年的行为甚至可能会招致警察介入，家长会担心他们或其他家庭成员受到伤害。治疗师可能会发现青少年不愿意来诊疗中心接受治疗，他认为自己"这样就很好"，他憎恨任何试图改变他的人，他可能在治疗过程中"不合作"，甚至口头威胁治疗师。

DBT 为青少年的这些行为提供了一种客观评判的路径，DBT 治疗师既遵守对自己和青少年的限制和安全承诺，也将继续接受和认可青少年的表现。

青少年由于生理上的情绪失调，可能会导致行为失调，并形成一个恶性循环，危险的行为还会导致更多的情绪失调，而且持续发生，如图 11-1 所示。

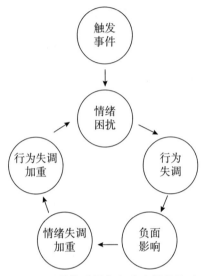

图 11–1　情绪失调与行为失调的关系

在 DBT 中，青少年将了解到他可以自己做出决定，使用有效的和不那么危险的行为，以帮助他实现任何目标（包括放弃治疗抑或让他的父母或其他权威人士离他远点）。虽然青少年可能看不到摆脱这个循环的方法，但他也可能没有意识到，如果他的行为改善了，他的生活就会改善。

一些青少年也可能出现冒险或破坏性行为——一种自我感觉更有活力和与世界联结的方式。一般来说，这些青少年通过行为的刺激寻求到了更高水平的刺激以后，他们会想要更频繁地这样做。在这种情况下，刺激强化了青少年的冒险行为。这些青少年的问题循环如图 11–2 所示。

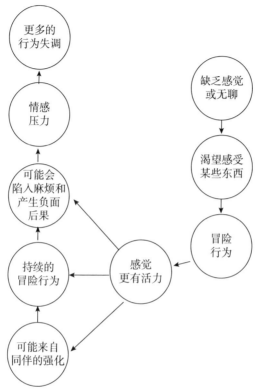

图 11–2　刺激强化与行为失调的关系

　　DBT 从业者应意识到，被标记为对抗性、行为障碍或破坏性的行为模式是生物、环境和情感脆弱性复杂组合的结果，包括青少年的冲动、学习和处理问题方面的问题。有这些行为的青少年并不"坏"。他们在尽自己所能做到最好，他们需要学习相关技能并将其应用到生活的许多领域，以改变导致行为失调的恶性循环。

DBT 最初是针对某些冲动行为（比如自杀）开发的，意料之中的是，初步研究表明技能培训对在监狱服刑的青少年同样有效（Shelton, Kesten, Zhang, & Trestman, 2011; Trupin, Stewart, Beach, & Boesky, 2002）。对于这些和其他有破坏性行为问题的青少年，DBT 有以下几个治疗目标：

- 减少导致情绪困扰的弱点；
- 识别问题行为的触发因素和强化因素；
- 提供技能培训，以安全和较少破坏性的方式管理这些因素；
- 强化青少年对触发因素和强化因素的更健康的反应。

许多这样的青少年在没有积极结果的情况下结束了之前的治疗，他们可能不信任任何治疗经验（和大多数成年人）。他们习惯了被指责和不被理解，DBT 则有所不同，DBT 的接受性、非评判性和辩证性立场将是获得他们的治疗承诺的必要条件。当青少年的行为问题源于强烈的情绪反应，或渴望体验更强烈的情绪时，DBT 的治疗重点是确保青少年学会如何安全地管理他的情绪，让他参与治疗，帮助他理解为何有时他的选择会导致意想不到的后果，并帮助他做出行为上的改变，这将对他的生活产生积极影响。我们将通过讨论安德烈来说明 DBT 如何帮助有破坏性行为的青少年，安德烈将在下面的小故事中出场。

安德烈是一名 13 岁的八年级学生，就读于公立中学。他在一年级时被诊断患有多动症，在三年级时患上轻度的语言接受和表达障碍，遇到问题时他会踢人、咬人。他与老师相处困难，曾经冲动攻击他人，在五年级时被诊断为对立违抗性障碍。

在经历了无数次不成功的治疗后，他来到了 DBT 诊疗中心，因为他在课堂上向一个占了他座位的男孩扔椅子，并扬言要杀死干涉他的老师而被学校停学。

学校里的孩子不想和他待在一起，他与家庭成员、长辈和同龄人都容易发生冲突。他的父母开始担心他和一些高年级的孩子在一起会沾染上抽烟、旷课等恶习。安德烈以一种有点咄咄逼人的态度向治疗师表示，他不想也不需要接受治疗。

理论辩证法

DBT 治疗师将在认可青少年的经历（不包括认可他的行为是有效的）和鼓励青少年在治疗期间的行为控制之间保持平衡。治疗师必须接受青少年正在尽他所能做出改变，同时也清楚地表明，长期来看他的一些行为是无效的，如果他想要改善生活，就需要改变。对于治疗师来说，在接受青少年的情感体验和不认可他的行为之间必须一次又一次地区分。

叛逆的我，其实很脆弱

在这样的矛盾中始终保持客观中立的态度，对治疗师、青少年及其家人来说都是一种挑战。

一个核心矛盾是青少年典型的不适体验（无聊或情绪困扰）和他希望尽快结束这种体验的愿望，不利于发展有效管理情绪的技能。辩证的观点是，青少年发展忍耐痛苦的技能，有策略地使用技能，在必要时有效和巧妙地管理或结束不适的感觉。

另一个矛盾是表现出破坏性行为的青少年往往觉得自己要么被视为"坏"，要么被视为"蠢"。他们经常抱怨说，在没有其他选择的情况下，他们宁愿显得"坏"，而不是"蠢"。实际情况是，有时他们做出破坏性行为的原因是自己不能完全理解别人的想法，但是他们不想让别人发现这一点。这种破坏性行为可以分散他人的注意力，让青少年掩饰自己的困惑。针对这一矛盾，DBT 需要达到的目标同样是帮助青少年学习容忍不适的技能，能够有策略地使用技能，必要时有效和巧妙地管理或结束不适的感觉。

家长通常关心的是青少年对他们表现出的"不尊重"程度，或者他们认为他"不会听"。这对治疗师来说也是一种矛盾，他试图在完全认可和不贬低家长的真实担忧和感受与优先处理可能危及生命或妨碍有效治疗的行为之间取得平衡。

案例概念化和目标设定

行为问题可以被定义为与情绪失调、痛苦耐受性不足和情绪冲动有关的问题（Daughters, Sargeant, Bornovalova, Gratz, & Lejuez, 2008）。这些问题可能会因青少年长期处于无效的环境而加剧。在安德烈的案例中，治疗师认识到他有语言障碍和情绪冲动的双重问题。可以理解的是，当这两个因素结合在一起时，安德烈很可能会情绪失控，无法完全处理要求他做的事情，或无法有效地将他的体验、需求或感受与他人联系起来，很容易做出冲动的身体攻击反应。因为大家的关注点都放在他的行为上，而不是引起这些行为的起因，他的冲动和攻击反应可能被加强，所以，安德烈没有学会如何以更有效的方式管理这些互动和体验。治疗师意识到安德烈的不知所措，他可能受到惊吓，反应强烈，想要寻求解脱；治疗师也意识到安德烈可能感到被别人误解，但对自己又缺乏正确的认知。

行为的积极和消极影响

治疗师将与安德烈一起了解攻击性行为的积极影响和消极影响，并使用更有技巧的行为来应对，如表 11–1 所示。

表 11–1 　　　　　青少年攻击性行为的积极影响和消极影响

行为	积极影响	消极影响
攻击性／威胁行为	·感觉有控制力 ·感觉有力量 ·体验这些感觉 ·让别人别管，自己能够想做什么就做什么 ·有些孩子喜欢这样的行为	·可能面临法律问题 ·失去信任和自由 ·失去一些朋友和社交关系 ·让生活在一起的父母感到失望或愤怒 ·感到羞愧和内疚
技巧行为	·能够有更多的朋友和社交活动 ·享受更多自由 ·在学校和家里面对的困难较少	·感觉缺乏激情和活力 ·短期内感觉不太满意

认可和接受

治疗师需要特别真诚地认可这些不被信任的青少年，尤其要小心排除那些可能是危险的或导致更多问题的行为。治疗师对青少年的如下感受和经历保持敏感，并予以接受。

- 他在尽他所能，即使他的行为给他自己带来了麻烦。

- 他觉得好像没有人理解他，他厌倦了向别人解释。

- 他可能会对自己的行为感到羞愧和内疚，即使他很难承认。

- 他认为接受治疗就意味着向家长等一直不理解他的权威势力屈服，所以他很生气，不想接受治疗。

- 他希望人们不要打扰他，让他做他想做的事。

- 他不想"赢得"本应属于他的信任或特权。

治疗师将有技巧地专注于青少年的变化，同时认可青少年的行为是有意义的，即便他们缺乏应对的技能和其他因素，参见"对话：初级认可"。

对话：初级认可

治疗师：安德烈，你今天来这里感觉如何？

安德烈：（讽刺地）你在开玩笑吗？我受够了想告诉我该怎么做的人。

治疗师：你经常被人摆布吗？是什么人呢？

安德烈：我的老师、我的父母、学校里的同学……

治疗师：哇，怪不得你这么不高兴。

安德烈：对，我相信你还是那老一套的说辞，我受够了。

治疗师：我明白你的意思了。如果我经历过你所经历的一切，我也会这么想的。

安德烈：没有人真正理解我。

治疗师：既然你已经来到了这里，你愿意帮我了解一下发生了什么事吗？我们谈话的时候，我会告诉你我在想什么，这样你就会知道我是不是和其他人一样了。

安德烈：嗯，你想知道什么？

在这段对话中，治疗师证实了安德烈对接受治疗的怀疑和愤怒，他希望安德烈以一种合作的态度配合治疗。

优先目标和目标设定

对于像安德烈这样的青少年，在治疗的初始阶段，重点应当放在理解他们行为的功能，并获得改变的承诺上。至关重要的是，在治疗的每个阶段，治疗师都应努力实现对青少年有意义的目标。在治疗过程中，不断表现出对青少年的尊重，可以有效地吸引"抗拒"和愤怒的青少年。

在每一阶段，治疗师将坚持 DBT 的优先目标，治疗重点首先是威胁生命的行为，其次是干扰治疗的行为，最后是影响生活质量的行为。如果安德烈没有带他的每日日志，错过了一次治疗，或者以其他方式干扰治疗，治疗师将使用行为链和解决问题的技能——总是以合作的、尊重的、非惩罚性的态度——来解决这些问题，这样治疗才能富有成效。在上面的小故事中，安德烈并没有表现出危及生命的行为，而爆发愤怒和休学的问题将在解决影响治疗的所有问题之后被解决。情绪化地威胁要杀死老师会被认为是一种影响生活质量的行为，因为它不会对安德烈本人造成任何伤害。当然，如果这种威胁行为给安德烈带来了危险的结果，治疗师可能要重新评估这种行为的优先级。这些行为可以在表 11–2 中看到。

青少年的目标

治疗师会花必要的时间来表明与青少年相关的积极的治疗目标，这些目标可以通过治疗技能来解决。由青少年给出的目标，例如"我希望人们不要再烦我"，会被治疗师所

表 11-2　　　　　　　　安德烈的优先治疗目标和具体行为

优先治疗目标	具体行为
危及生命的行为	目前还不明确
干扰治疗的行为	不承诺接受治疗
	对治疗师进行言语攻击
	没有达到预期的治疗效果
影响生活质量的行为	逃学，休学
	对他人具有攻击性
	威胁他人
	可能滥用药物
	与家长发生冲突
	冲动行为

接受，他和青少年将一起研究必须改变哪些行为，这样其他人就不会"烦"他。治疗师还将帮助青少年描述他完成目标（例如"我不会再惹麻烦了"）的积极影响，并将这些行为的结果作为青少年的目标。

治疗师与青少年共同确立的目标可能包括：

- 让父母、老师和其他孩子离他远点；
- 能够和他喜欢的朋友出去玩，做他想做的事；
- 不去一个他觉得被人误解的学校。

治疗师的目标

治疗师将帮助安德烈将他的目标与建立更安全、更有技巧的行为方式这一更大的目标联系起来。这样做会给安德烈带来以下影响：

- 减少攻击和威胁他人的事件；

- 利用人际交往的有效性技巧，更有效地处理与家长和老师的冲突；

- 利用痛苦耐受性技巧，而不是冲动和攻击性行为来管理痛苦情绪；

- 保持稳定的出勤率，以便安德烈能够有效地管理自己的在校行为。

治疗有破坏性行为的青少年，治疗师需要注意可能导致这种行为的情绪因素，保持客观评判的态度，并随着目标的确立和治疗的进展而慢慢接受。治疗师将和青少年协同工作，认可并将青少年的目标融入治疗中。他也会寻找机会来解决影响治疗和生活质量的行为，青少年一开始可能不会意识到这些行为对他的生活有负面影响。

获得承诺

治疗师将花时间处理和认可青少年关于以前不成功的治疗尝试的担忧和抱怨，以获得他对 DBT 治疗的承诺。治疗师还将为青少年提供"选择"参与 DBT 的机会，同时告知不参与的一些负面后果。治疗师将表现出他愿意与青少年合作，并要求青少年通过关注在特定时期内共同开发的目标，来给自己一个 DBT 治疗的机会。治疗师将青少年的目标与在其他情况下使用的技能联系起来，以获得对改变优先目标的承诺。

在整个治疗过程中，如有必要，治疗师还会重新强调承诺的重要性。

持续评估的工具和战略

对那些具有冲动、破坏性、高风险或对他人有危险行为的青少年进行评估，对于理解这些行为的功能和后果至关重要。通常，这些青少年被视为"有问题的"或"难相处的"，他们很少为自己的行为承担责任。有些人可能认为他们"应该学习如何表现"，但 DBT 治疗师将脱离假设，以充分的理解力和洞察力对其进行评估，从而改变这些行为。

每日日志

每日日志将被完善，列入干扰青少年正常生活的诸多行为。需要增加的条目包括爆发愤怒、打架、撒谎和高危行为（超速驾车、偷窃、街头涂鸦、参加帮派活动等）。每日日志为 DBT 治疗师和青少年提供理解行为的基本信息。如果青少年没有完成每日日志——至少最初有可能是这样的，治疗师需要耐心地、温和地、协作地与青少年一起完成它，并随着时间的推移养成这种行为习惯。

链分析

青少年经常会说他们"不知道"是什么导致了某种行为，从而把这种行为的起因归咎于别人（"他让我生气了"），或者在行为发生后没有深究其原因。一开始青少年缺乏洞察力，可能不愿意为自己的行为承担责任，很难完成链的分析。青少年会拒绝讨论那些他宁愿忘记的行为，因为这些行为会让他感到羞愧或内疚，甚至重新激发他的愤怒。尽管这给治疗师带来了困难，但参与研究这个链的过程和从中得到的线索成为理解青少年行为的必要工具，并帮助青少年改变那些造成负面后果的行为。

最初，安德烈对自己行为的理解可能是这样的：

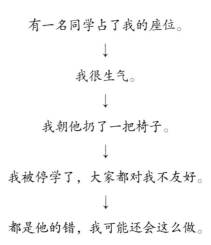

有一名同学占了我的座位。

↓

我很生气。

↓

我朝他扔了一把椅子。

↓

我被停学了，大家都对我不友好。

↓

都是他的错，我可能还会这么做。

治疗师将认可安德烈正在经历的困境和感受，倾听他的解释，了解安德烈的想法、感觉（情感上和身体上）和行为的细节，以及他所经历的后果的细节。

更详细的链可能如下所示：

我讨厌学校。同学们讨厌我，取笑我。

↓

有同学占了我的座位。

↓

我想，他以为他是谁？竟然那么不尊重我。

↓

我感到自己快要发疯了；我的脸变红了，
我的心怦怦直跳，双手攥成了拳头。

↓

我想，我不能让别人那样对待我，我可不是好欺负的。

↓

我想，我要让他知道不能惹我。
这样其他人就不会再来烦我了。

↓

我真的很想打人。

↓

我看到一把空椅子，就把它捡起来向他扔了过去。

↓

当老师试图帮助另一个孩子时，
我更生气了，我威胁老师说要伤害她。

↓

我被停学了，这很好。
我可以和我的朋友一起玩，看电视。

↓

我的父母很生气，告诉我他们不知道该拿我怎么办。

↓

我想，没关系。反正一切都不会好转。

通过观察这条链，我们可以清楚地看到如下一些问题。

- 安德烈在上学的时候已经很敏感了，因为他觉得不舒服或者不适应学校的环境。这意味着他很容易生气或情绪失控。

- 他认为不回应是软弱的表现，他觉得自己需要对同学强势一些。

- 他不知道如何消解自己想要打人的欲望，也没有其他可供选择的技能。

- 停学本应是一种令人厌恶的后果，实际上却起到了强化作用，因为它让他离开了他不喜欢的学校，让他有机会回到家里做喜欢的事情。这一后果将有助于延续而不是消除他的行为。

- 他觉得看不到希望。

治疗师意识到与有破坏性行为的青少年打交道的困难，他们可能必须表现得特别具有创造性和敏感性，以回应青少年表达的需求。对于治疗师来说，重要的是要意识到这些青少年对权威人士的不信任，治疗师始终要以一种合作和尊重的态度对待青少年。

改变策略

当破坏性行为成为治疗重点时，持续使用应急管理的改变策略，以加强较高安全性和较低攻击性的行为，帮助青少年将这些行为应用到生活的方方面面。青少年还需要学习新的技能来管理他的沮丧、失望和愤怒，这样他对这些情绪的反应就不会造成更多的问题了。

通过构建环境进行应急管理

有破坏性行为问题的青少年往往会通过他们的攻击和威胁让环境有效满足他们的需求。家长和老师可能会避免对青少年提出要求，还可能会"屈服"，而不是选择直面一名已经愤怒的青少年，即使他们的行为变得更危险。因此，对于治疗师或家长教练来说，教导青少年个体需要意识到以下重要的几点。

- 青少年可以学习新的方法来管理在生理、学校、情感等各种因素相互作用下产生的攻击性或毫无技巧性（而不是"坏"或者"对立"）的行为。
- 强化适应性行为比惩罚破坏性行为更能有效地促进青少年的改变。
- 重要的是要注意对行为的反应在不经意间可能会强化而不是惩罚它们。
- 注意到这些情况很重要，即青少年使用有技巧的手段来满足自身需求，并尝试对健康的要求做出特别的反应而不是忽略他们。

· 营造一个平静的环境，尽量减少触发青少年情绪系统的因素。

· 帮助青少年参与提升能力和自尊感的活动是很重要的。

在青少年的许可下，治疗师可以作为环境顾问，终极目标是教会青少年自己做到这一点。治疗师意识到青少年需要有效地充当自己的引领者，并在一开始以这种方式为模板，然后逐渐鼓励青少年将他正在学习的技能直接应用于学校、家庭和周围的人身上。

与有破坏性行为问题的青少年的父母合作的 DBT 治疗师，也必须认可他们面临的困难情况。他们经常对这些行为感到困惑，觉得因此被他人指责，甚至当自己的行为招来警察时，他们可能感到尴尬。父母发现他们的行为很难产生有效的后果，对青少年所承担的风险感到焦虑，这是可以理解的。如果治疗师能够理解这些问题，认可家长的恐惧和担忧，让他们以让人舒服的方式予以回应，青少年也会做出相应的回应。

技能培训

有破坏性行为的青少年的许多行为和气质特征，与那些符合边缘型人格障碍标准的成年人相似。这两类人通常在人际交往、情绪管理、情感冲动和应对危机方面都存在困难。所有的 DBT 技能都可适用于具有破坏性行为的青少年。

在技能培训模式中，偶发性的行为可以非常有效地塑造参与项目、完成作业和将材料带到小组的行为。

鉴于有这些行为的青少年大多有语言和阅读障碍，治疗师可考虑使用容易理解的词语，必要时在技能培训讲义中加入图片，并反复演示。

行为准则

青少年通常对行为主义心理学的理论反应良好。他们被要求思考希望在其他人身上看到的变化，并被鼓励尝试塑造老师、父母和朋友的行为，以使这些技能更有意义。他们还开始了解自己的行为是如何随着时间的推移而形成的，并被教导要奖励自己为实现对他们来说重要的改变所做的努力。

关于愤怒管理的注意事项。通常，人们会推荐在生气的时候对着枕头或沙袋打拳来排解情绪，但是并不建议这么做。因为，在青少年心烦意乱的时候会产生攻击性，这样做反而会强化行为反应，考虑到这些行为的冲动性质，治疗师可能会推荐非暴力的替代管理方式（跑步、做俯卧撑或仰卧起坐等耗费体力的运动），这样可以在不与打拳或其他攻击性行为关联的情况下，减少攻击性。

正念

正念教导青少年注意当下正在发生的事情，而不去评判它，也不立即采取任何行动，这就导致了认知重构和延迟反应。正念也是对这些行为中普遍存在的冲动的一种对抗性反应或"积极的反面"。技能培训师需要专注于以体验的方式教授正念，以适应这些青少年的学习风格。

人际交往的有效性

因为情绪强度会增加愤怒或攻击性反应的可能性，人际交往有效性技能对于创造更多的协作互动是必要的。治疗师直接与青少年使用这些技能，模拟这些技能的使用场景，并指出何时使用这些技能有助于避免低效率的反应。许多青少年可能很少与权威人士进行合作性的、尊重的和不加评判的互动，因此治疗师有必要尽可能以身作则、树立榜样，提供新的学习体验。

情绪调节

来自行为链和情感故事的信息对于帮助青少年了解他们的情绪是如何发展的，以及如何改变他们管理愤怒、沮丧、尴尬、羞愧和其他痛苦情绪的方式至关重要。行为链和情感故事的教学及复习是客观的，而且经过大量验证。我们鼓励治疗师采用自己生活中的故事，使材料变得具有相关性、个性化和趣味性。

其实青少年采取与他们之前用过的反向操作技能，特别

是对那些激怒他们的人表现得友善，只是微微一笑（Linehan,
1993b），是特别有效的。在治疗过程中，当青少年充满敌意
和威胁时（通过认可、设定限制、友善回应），反复模仿使
用相反的行为，对降低反应强度非常有效。治疗师必须刻意
模仿这些技能，使其合理化，并允许青少年从个人经验中
学习。

对于接受 DBT 治疗的青少年和那些有愤怒管理问题的
人来说，强烈建议他们参加体育锻炼。体育锻炼有助于减少
消极情绪的敏感性，与有冲动和破坏性行为的青少年有特别
的相关性。一名热衷于健身的治疗团队的成员，将教会我们
如何更好地合作、管理情绪和专注于目标。考虑到有破坏性
行为问题的青少年可能会对参与某些活动产生怀疑，在技能
组中参加瑜伽培训可能会有效地帮助青少年更有技巧地管理
情绪。

痛苦耐受性

当青少年变得敏感时，他们倾向于将冲突升级，把事情
变得更糟，所以对于那些"行动派"的青少年来说，当务之
急是教给他们缓和矛盾的技能（Linehan, 1993a）。帮助青少
年找到分散注意力或舒缓情绪的方法，度过紧张的时刻，让
他们不再以越来越咄咄逼人的方式予以回应，或者帮助青少
年从困难的互动中解脱出来。或者说，就像冲浪一样，让攻
击性的冲动来了又去，不采取行动，是另一种建立延迟反应

的有效方法。

奉献型的痛苦耐受性技能（Linehan, 1993b）具有特殊的意义。鼓励一名青少年，尤其是一个总是被告知做什么都"不对"的人，去参加一个能培养能力并得到积极反馈的活动，对帮助他培养积极的自我评价十分重要。有高危行为史的青少年在与动物、儿童、老人或有特殊需求的同伴共处的环境中，能表现出温柔、负责、有效的反应，从而创建了一个人人受益的环境。

附加技能

另有三种技能——"冷静（GALM）"技能、爱心冥想和渐进式肌肉放松——可以在技能小组或个体治疗中进行，帮助青少年发展应对挑战情况的工具。

冷静。该策略侧重于群体内行为，是针对具有对立违抗特征的青少年的改良 DBT 项目的一部分（Nelson-Gray et al., 2006）。它包括下面的四个技能。

- 联系（Connecting）：回应他人，热情互动，加强与群体中其他人的联系。
- 专注（Attending）：用肢体语言和眼神交流来表示对别人感兴趣。
- 倾听（Listening）：不打断别人说话，认真倾听。
- 礼仪（Manners）：在群体中表现得彬彬有礼。

爱心冥想。这种策略是一种结合了正念和反向操作的技能，鼓励青少年对自己和他人表现出善意和理解（Salzberg, 2002）。这种技能增加了对自己和他人的同理心，并可能导致与同伴和权威人士更有效的互动。

渐进式肌肉放松。这是另一个反向操作技能。因此，渐进式肌肉放松要求青少年系统地放松他们的身体，以中断愤怒反应中常见的攻击或逃避反应（Nickel et al., 2005）。

认知重组

具有攻击性和破坏性反应的青少年几乎都有长期与他人发生冲突的经历；他们经常对自己和世界有偏颇的看法，比如认为自己是受害者，不信任家长等权威人士，以及需要反抗；他们通常会错误地感知威胁，在根本不存在的地方看到攻击。或者，他们可能会以攻击来回应在同伴关系中感知到的问题，这种攻击性回应会赶走其他人，从而创造出一种自我实现的成就感。通过使用行为链和情感故事，治疗师耐心地消除这些错误的理念和看法。许多青少年都受到过权威人士的虐待，在努力帮助他们与权威人士互动，做出有分寸和理性的反应时，接受认可青少年的这种经历是很重要的。在治疗中，治疗师将继续通过生活中的实例进行教学。

自我暴露

这种改变的目标是让青少年自我暴露在其害怕或逃避的经验中，并找到有技巧的替代方法。这种暴露可以采取多种形式：容忍不公平的指责，采用战略性的应对措施而不是勃然大怒；忍受无聊的感觉但不至于崩溃；或者忍受与缺乏技能相关的感觉，学习发展这些技能，而不是将注意力转移到破坏性行为上。

青少年先在治疗过程中，后在自然环境中，通过亲身体验来学会容忍和管理不愉快的情绪和冲动，而不诉诸那些在环境中导致他产生问题和接受治疗的行为。在治疗过程中，必须向青少年仔细解释这一过程，加强和塑造所有使用自我暴露的尝试，务必温和，不能让青少年逃避自我暴露或分散治疗过程的注意力。

当青少年了解到是什么触发了他的愤怒或破坏性行为时，治疗师会帮助他找到方法，通过回避来战略性地管理一些触发因素。例如，治疗师可能会鼓励一名青少年转班，换一位班主任，回避特定的环境，或回避某些触发情况。然而，这种回避并不总是可能的，愤怒一旦被触发，管理愤怒的技能将仍然是治疗的重点。

电话指导

在 DBT 中，电话指导通常用于青少年做出有生命危险或维护治疗关系的行为。对于破坏性行为，电话指导是一种非常有效的方法，通过潜在地改变生活中的互动来指导青少年。例如，一名青少年在与邻居发生争吵后，打电话给他的治疗师，告知他与邻居发生了冲突矛盾。治疗师能够通过技巧来指导青少年，帮助他克制愤怒和复仇的欲望，直到它消失，这样他就不会因采取不好的行动而使事情变得更糟。打电话本身就是青少年有效应对的一种尝试，应该得到 DBT 治疗师的支持和积极关注。它也可以作为一种延迟工具，让青少年仔细考虑各种选择，而不是冲动地做出反应。当青少年打电话寻求指导时，是在释放一种信号，表明他与治疗师建立了联系，接受了治疗，并在努力改变，所有这些都应该得到鼓励、祝贺和强化。

总结

　　对于 DBT 治疗师来说，管理青少年的问题行为始终是一个挑战。在本章中，我们介绍了这些青少年与治疗师有效使用 DBT 的方法，以达到双方一致同意的目标，同时也保有各自的底线和期望，一定要重视这些方法对有上进心和敢于挑战的青少年的有效性。使用 DBT 来对青少年教导、强化和普及更有效的行为，有助于减少他们的攻击性和威胁性行为，对青少年、家庭和整个社会都有巨大的好处。

DBT：应对青春期情绪失调和
行为失控的有效方法

在这本书中，我们解释和讨论了 DBT 实践的原则，它们主要针对容易情绪失调的青少年，意在解决他们的各种情绪和行为困难。我们列出了已被研究和发现综合性 DBT 的有效功能和模式。

如果从业者正在"进行综合性 DBT"，那么 DBT 的所有模式（Linehan, 1993a）都必须存在。从业者至少必须提供以下服务。

- 基于优先目标的 DBT 个体化治疗，需要使用每日日志和链分析。

- 一个独立的技能培训小组，展示了五个模块中的每个模块的技能——正念、痛苦耐受性、情绪调节、人际交往有效性和中间路径。

- 电话指导，是青少年可以在治疗间隙与从业者交流，分享好消息，修复关系中的问题，最重要的是，接受如何使用技能来避免不安全行为的指导。

- 对环境（包括家长）进行咨询，以确保技能在自然环境中得到锻炼，适应性行为得到强化，而非适应性行为则不会在不经意间得到强化。

从业者还需要加入一个咨询团队，帮助他保持辩证客观的立场。咨询团队还帮助从业者保持对构建环境（治疗和更大的世界）的机会的关注，以鼓励和加强适应性行为。

DBT，对于那些实践它的人来说，是一种治疗框架、一种思维方式，也是一套对从业者和青少年都有价值的技能模式。从业者经常依靠个人经验向青少年及其家长传授 DBT 的技能和原理。正念意识、辩证思维、坚守底线和偶发行为都是治疗的重要组成部分，也是治疗的优先目标，DBT 从业者自己必须相信这些理念，并以自然和真实的方式将它们应用到自己和青少年身上。

如何做一名 DBT 从业者

对于在工作中实践 DBT 的从业者来说，需要持续地学习、实践和听取他人反馈。如果一名从业者还没做好实践综合性 DBT 的准备，他可以先采取一种辩证客观的思考方式，并对青少年进行认可和接受。

近年来，某些研究试图评估 DBT 最有效的方面是什么。技能被认为是 DBT 中非常重要的组成部分，也是带来变革的必要条件（C.Swenson & K.Koerner, personal communication, December 2, 2012）。

教授技能是从业者独立工作的一部分，或是技能培训小组的一部分，也是家长教练工作的重要组成部分。从业者必须非常精通 DBT 技能并能熟练地实践 DBT 技能，以便了解教授青少年的时机、方式方法和模拟场景，以及指导青少年使用它们的方式。这些技能——正念、痛苦耐受性、情绪调节、人际交往有效性和中间路径——在帮助青少年（和他们的家长）学会在安全的情况下调节情绪和实现美好生活等方面是无价的。

如果你选择教授 DBT 技能或使用一些原理，你可能想知道这是否能使自己成为一名专业的 DBT 从业者。DBT 从业者应该将我们之前列出的五种模式纳入他的实践。如果你还不能在实践中创建一个综合性 DBT 的模型，那么我们建议你先提供基础性的 DBT 服务，或者以其他方式将一些 DBT 技能融入工作中。公开透明也是 DBT 的一个非常重要的方面，主要是你要了解自己能和不能向青少年提供什么、你的经验和服务的局限性，以及你是否能够提供综合性 DBT。

培训的重要性

培训是 DBT 的一种宝贵的治疗模式，它引起了刚刚开始加入 DBT 的从业者的极大关注。但是，他们担心提供培训所需的时间和对非工作时间的干扰，这也是在实践 DBT 时必须考虑的因素，每名从业者都需要知晓自己的极限。当技能小组中的青少年没有 DBT 个体治疗师时，他们就错过了在危机中接受指导的机会；当涉及青少年自伤和 / 或自杀的问题时，技能小组的负责人更担心那些无法获得个体治疗师指导的孩子。当我们试图为没有接受综合性 DBT 的青少年提供最安全有效的服务时，这些问题在咨询团队中不断出现。但我们仍将尽力为青少年提供最多样的技能和最客观有用的服务。我们建议为参加 DBT 技能培训小组的青少年配置一名 DBT 个体治疗师，因为全面的一揽子服务是我们可以提供的最佳疗法。

砥砺前行

随着研究的不断推进，越来越多的从业者开始欣赏 DBT 的结构、理念和有效性，推动 DBT 不断向前发展。就像任何辩证心理学的框架一样——"唯一不变的是变化"，只有变化是不变的。本书中的概念是在有意识和验证的情况下提出的，尽管原则将保持不变，但更有效的治疗框架将不断完善和发展。

我们提出了以下关于最有效地实践 DBT 的想法。

- DBT 不仅适用于边缘性人格障碍或情绪调节障碍的青少年，更多青少年都可以从技能训练和情绪调节工作中受益。

- 所有家长都可以在个体指导、家庭辅导或 DBT 技能培训小组中获益。家长们发现，这些技能丰富了他们的生活，也帮助他们更有效地养育孩子。在技能培训小组中，他们也能与其他家长开诚布公地交谈，帮助他们摆脱孤立的感觉。

- 当家长教练与家长一起工作时，青少年的个体治疗师也会受益。这个系统允许治疗师专注于与青少年的关系，而家长教练则能够专注于家长的需求和他们的教养策略。这种角色的分离使家长教练能够帮助家长遵守底线，而不以任何方式损害青少年与他的治疗师之间的关系。

- 还在进行的研究是关于 DBT 的哪些模式单独使用可能是最有效的。当从业者选择在他们的实践中实施 DBT 时，这项研究对他们来说是很重要的，它可以指导在治疗中执行哪些模式的决定。

- 正念是一项重要的技能，对于从业者来说也同样重要。每个咨询团队的技能培训都从正念练习开始，并且也鼓励从业者自行练习。培养专注的和有目的的意识，有助于从业者应用于自己的生活和与青少年的会面中。

- 咨询团队的重要性不可低估，这是 DBT 中至关重要的模式。它使每一名从业者变得更有效率，同时使得从业者在做这个非常困难的工作时获得必要的支持和认可。

- 从业者应不断寻找最有效的方法来与有高危行为的青少年及其家长合作。有时对于从业者来说，改变自己和治疗青少年一样困难，但也同样必要，DBT 的策略和协议似乎与他们以前学到的东西相反，它需要自我暴露、自我意识和认可，从业者的行为也会干扰治疗。有时，提供有效的治疗意味着从业者可能不得不做出妥协和牺牲，同时也要继续遵守自己的底线。对青少年来说，技能练习得越多，就越容易掌握。DBT 从业者从 DBT 所要求的持续学习和不断进步中受益。

青少年及其家长可能会质疑技能是否真的有效，改变是否真的发生。那些使用 DBT 概念、原则和技能的从业者只需要从自己身上寻找这些问题的答案。DBT 从业者会发现，当他们使用这些技能时，自己的生活得到了极大的改善。正念意识、活在当下、接纳自我和他人、认可自我和他人、利用痛苦耐受性来管理困难的情绪、采取客观的立场，为从业者的个人生活和职业生涯提供了指导方针，对从业者、青少年及其家长来说都受益良多。

北京阅想时代文化发展有限责任公司为中国人民大学出版社有限公司下属的商业新知事业部，致力于经管类优秀出版物（外版书为主）的策划及出版，主要涉及经济管理、金融、投资理财、心理学、成功励志、生活等出版领域，下设"阅想·商业""阅想·财富""阅想·新知""阅想·心理""阅想·生活"以及"阅想·人文"等多条产品线。致力于为国内商业人士提供涵盖先进、前沿的管理理念和思想的专业类图书和趋势类图书，同时也为满足商业人士的内心诉求，打造一系列提倡心理和生活健康的心理学图书和生活管理类图书。

《脱"瘾"而出 : 如何让孩子放下手机》

- 本书作者长期致力于青少年手机成瘾等发展性问题行为及神经机制研究，是国内青少年手机成瘾及矫正研究领域的专家。
- 本书让家长明白青少年手机上瘾真相，给出了引领孩子迷途知返的理论及工具，从根部解决令家长头疼的孩子手机上瘾问题。
- 中山大学社会学与人类学学院教授蔡禾、中国地质大学（武汉）大学生心理健康教育中心副教授吴和鸣、大儒心理创始人徐凯文、亚马逊智能硬件亚洲产品完整团队负责人刘重洲、平安人寿培训管理部 UGC 团队负责人欧喜文联袂推荐。

《灯火之下 : 写给青少年抑郁症患者及家长的自救书》

- 以认知行为疗法、积极心理学等理论为基础，帮助青少年矫正对抑郁症的认知、学会正确调节自身情绪、能够正向面对消极事件或抑郁情绪。
- 12 个自查小测试，尽早发现孩子的抑郁倾向。
- 25 个自助小练习，帮助孩子迅速找到战胜抑郁症的有效方法。